JN273081

初級講座
ループ量子重力

A First Course in
LOOP QUANTUM GRAVITY

R. ガムビーニ／J. プリン［著］

樺沢 宇紀［訳］

丸善プラネット

A First Course in Loop Quantum Gravity, First Edition
Rodolfo Gambini and Jorge Pullin

© R. Gambini and J. Pullin 2011
ISBN: 978-0-19-959075-9
A First Course in Loop Quantum Gravity, First Edition was originally published in English in 2011. This translation is published by arrangement with Oxford University Press.

All rights reserved. No part of this book may be reproduced, stored in a retrieval system or transmitted, in any form or by any means, without the prior permission in writing of Oxford University Press, or as expressly permitted by law, or under term agreed with the appropriate reprographics rights organization. Enquiries concerning reproduction outside the scope of the above should be sent to the Rights Department of Oxford University Press.

Japanese language edition published by Maruzen Planet Co., Ltd., ©2014, 2021 under translation agreement with Oxford University Press

PRINTED IN JAPAN

序

　ループ量子重力の理論は，一般相対性理論の量子化に通じる道筋のひとつの候補として現れたものである．SLACのSPIRESデータベースの最新版(2006)によれば，過去オールタイムにわたりarXiv.org:gr-qcのプレプリントで最も引用された上位50編の論文の中に(そこには量子重力に限らず重力全般にわたる論文が含まれている)，ループ量子重力に関係する13編の論文が見いだされる．弦理論に比べると小規模の分野ではあるにせよ，現在，弦理論の他に試みられている量子重力への主要なアプローチとして，ループ量子重力は重要な位置を占めている．現時点では弦理論もループ量子重力理論も未完のパラダイムであり，それらに関する論争を踏まえることにより，さらに有望なアプローチも自然に現れてくるかもしれない．我々は本書において，そのような論点にもいくらか言及する予定である．

　物理学科の学部の学生を含む多くの人々は，ループ量子重力に関心を示している．最近ではRovelli (2007)やThiemann (2008)による優れた教科書があるが，これらは大雑把に言うと，米国の大学院の上級コースの水準において，この分野を深く追求したい人々のための専門書である．この種の扱い方は，必ずしもこの分野の専門的な研究を遂行するための深い理解を必要としない学部の学生や，比較的短期間で最低限の概念を得たいと考える人々にとっては不適切である．さらには，この種の"大学院レベル"での取扱いにおいて，一般相対性理論に関する知識が前提となるという難点もあり，このことは多くの読者にとって障壁になる．Hartle (2003)やSchutz (2009)による最近の本は，学部の水準で一般相対性理論を教えることを可能にしているが，学部のカリキュラムは大抵，一般相対性理論の講義を(それが含まれるにしても)最後に部分に据えており，ループ量子重力を必修科目として取り入れるために適切なものではない．通常，必ずしもよく考慮されていない実状として，学部の学生たちにとって，その最後の半期(セメスター)の時期はかなり忙しいということもある．多数の学生がいくつもの講義を受け，学部における卒業研究を進め，大学院進学試験への準備と出願を行う．仕事を持ちながらそれらを進めなければならない学生もいる．ひとつの講義に対して割ける時間は極めて限られている．

我々は本書において，読者に予め一般相対性理論の知識を想定せずに，ループ量子重力を紹介することを試みる．予備知識として仮定するのは，Maxwell（マックスウェル）の電磁気学，ラグランジアン力学やハミルトニアン力学，特殊相対性理論と量子力学に関する最低限の知識だけである．このことは不可避的に，我々がループ量子重力の対象範囲において"多くの"近道を利用せざるを得ないことを意味するが，これは米国の学部教育において1半期（セメスター），3単位の講義という制約の下で広く受け入れられるために払わねばならない代価である．学部の学生や，その他の読者の中の"一部の"人々は，より詳しく完全な描像を与えていないことに少々不満を感じるかもしれないが，多数の読者は，この極めて難解になりがちな題材について書かれた薄くて読み易い入門書を歓迎するであろうと我々は信じている．また，一部の専門家は，我々の都合のために，いくつかの問題を単純化しすぎることによって，読者を騙していると感じるかもしれない．そのようなことを行う際には，読者に対して注意深く警告を与えることを試みる．我々が念頭に置いたもうひとつの目標は"薄い本"を作ることであった．関係する話題について，全面的な議論を展開するのではなく，むしろ故意に表層的な形で読者にこの理論を紹介することを考えるならば，徹底的で詳細な議論は避けねばならない．分厚い本は読者に対して威圧的なものとなってしまう．我々は多くの読者にコンパクトな本を提供することを意図した．

本書の構成は以下の通りである．第1章では，重力を量子化しなければならない理由について考察する．第2章ではMaxwellの電磁気学と，特にその相対論的な定式化について復習する．第3章では一般相対性理論に関する最低限の諸要素を導入する．第4章では，ハミルトニアンを用いた，拘束条件を含んだ力学や場の理論の定式化を扱う．第5章ではYang-Mills（ヤン・ミルズ）理論を論じる．第6章では量子力学と，場の量子論のいくつかの要素について調べる．第7章において，一般相対性理論に適用されるAshtekar（アシュテカー）の新たな変数を導入する．第8章では一般相対性理論のループ表現による量子化を論じる．第9章では，ひとつの応用としてループ量子宇宙について論じる．第10章では各種の応用，すなわちブラックホール・エントロピーや，マスター拘束プログラムと均一離散化，スピン泡（フォーム），実験的徴候の可能性，時間の問題などを論じる．最終章では，ループ量子重力を取り巻く論争について述べる．

謝辞

本書の草稿に対して，以下に名前を挙げる人々から頂いたコメントが大いに役に立った．彼らは多大な時間を費やして我々を助けてくれた．Fernando Barbero, Martin Bojowald, Steve Carlip, Jonathan Engle, Kristina Giesel, Gaurav Khanna, Kirill Krasnov, Daniele Oriti, Carlo Rovelli, Parampreet Singh, Madhavan Varadarajan, Richard Woodard の諸氏である．彼らに対して，我々は常に感謝を感じている．この仕事の一部は National Science Foundation の Gravitational Physics Program, The Foundational Questions Institute (fqxi.org), Horace Hearne Jr. Institute for Theoretical Physics, CCT-LSU and PDT (Uruguay) による支援を受けた．

目次

第1章　何故，重力の量子化を試みるのか？　　　　　　　　　　　　1

第2章　特殊相対性理論と電磁気学　　　　　　　　　　　　　　　　9
 2.1　空間と時空 10
 2.2　相対論的力学 16
 2.3　Maxwell理論 19

第3章　一般相対性理論入門　　　　　　　　　　　　　　　　　　　23
 3.1　緒言 23
 3.2　一般座標系とベクトル 24
 3.3　曲率 29
 3.4　Einstein方程式と，その解の実例 32
 3.5　微分同相写像 36
 3.6　3＋1分解 39
 3.7　3脚場(トライアド) 42

第4章　拘束条件と正準形式による場の力学　　　　　　　　　　　47
 4.1　力学の正準形式 47
 4.2　拘束条件 48
 4.3　Maxwell理論の正準形式 51
 4.4　完全拘束系 57

第5章　Yang-Mills理論　　　　　　　　　　　　　　　　　　　　61
 5.1　運動学的な構成と力学 61
 5.2　ホロノミー 65

第6章　量子力学と場の量子論の基礎　71
- 6.1　量子化 71
- 6.2　場の量子論の基礎 75
- 6.3　量子場の相互作用と発散 80
- 6.4　繰り込み可能性 85

第7章　Ashtekar変数を用いた一般相対性理論　91
- 7.1　正準重力 91
- 7.2　Ashtekar変数：古典論 92
- 7.3　物質との結合 97
- 7.4　量子化 98

第8章　ループ量子重力　103
- 8.1　ループ変換とスピン・ネットワーク 103
- 8.2　ホロノミー演算子と幾何的演算子 109
- 8.3　ハミルトニアン拘束のループ表現 116

第9章　ループ量子宇宙論　123
- 9.1　古典論 123
- 9.2　伝統的な Wheeler-De Witt 量子化 126
- 9.3　ループ量子宇宙論 127
- 9.4　ハミルトニアン拘束 129
- 9.5　半古典的な理論 130

第10章　発展的な話題　133
- 10.1　ブラックホール・エントロピー 133
- 10.2　マスター拘束と均一離散化 143
- 10.3　スピン泡 147
- 10.4　観測可能な効果？ 153
- 10.5　時間に関する問題 160

第11章　未解決問題と論争　165

参考文献　171

第 1 章　何故, 重力の量子化を試みるのか？

　我々の現在の理解によれば，自然界には4種類の基本的な相互作用が存在している．電磁力，弱い相互作用，強い相互作用，および重力である．電磁力には誰でも馴染みがある．弱い相互作用は，原子核の崩壊過程をつかさどる．強い相互作用は，原子核において核子同士を結び付けている．量子力学の規則は，電磁気学や弱い相互作用や強い相互作用へと適用されてきた．量子力学の規則をそれらの相互作用に適用することは自然である．量子力学は原子や原子核の力学において鍵となる役割を演じており，そのような尺度において古典力学は正しい予言を与えないことが知られている．しかし量子力学は現在まで，重力に対して満足のいく形で応用されていない．ループ量子重力 (loop quantum gravity) は，それを実現するためのひとつの試みであるが，今のところ，不完全な理論である．

　議論を始める前に，まず次のことを明言しておく．本書で用いる"重力"という術語は，初等物理において学ぶNewton(ニュートン)理論によるものではなく，Einstein(アインシュタイン)の一般相対性理論によって記述されるものを指す．高精度で行われた多くの実験検証の結果が，一般相対性理論による予言に合致している (Will (2005))．一般相対性理論の記述において，重力は本当は"相互作用"というよりも，むしろ時空の歪みである．時空は一般に平坦ではなく，その中で運動する物体は，時空において直線的な軌跡を自然にたどるということにはならない．このことは，我々が通常，重力的な"力"として認識するものが，実際には力として存在しないという観点を与える．我々は日常的な語法において，我々の周囲の時空が歪められていることを，重力的な力が生じているかのように再解釈しているのである．

　本書においてこれから見ていく予定であるが，重力が力ではなく，時空の歪みであるという事実が，その量子化を困難なものにする．場の量子論における標準的な計算技法はすべて，与えられた背景時空の中での作業という位置づけになっている．その最終的な目標は，時空は漸近的過去，漸近的未来，空間的な無限遠に至るまで平坦であるという仮定の下でS行列を作ることである．しかしながら，重力理論においては時空自体が場であり，量子化の対象となるべき場は，その背景として，如何なる時空も持たない．背景構造の欠如は，理論を，時空点の微分同相写像 (微分同相変換) の下

で不変なものへと自然に移行させることになる[1]．ある時空点を別の時空点と区別する要因が存在しないからである．場の量子論の技法の，微分同相変換の下で不変な理論への応用に関しては，局所自由度を持たないある種の位相的（トポロジカル）な理論を例外として，我々はほとんど経験を持ちあわせていない．その上，重力は，量子効果が支配的になるような微視的な尺度領域においては，さほど重要な力ではない．これを理解するためには，たとえば陽子と電子の間に働く重力と電磁力を比べてみるとよい．電磁力に比べて重力は，およそ10^{-40}倍という弱さである．これが今日においても，結果の説明に量子重力が明白に必要とされるような実験がひとつもないことの根本的な理由である．おそらく重力の量子化は，物理学の歴史において，実験的な支援がない状態で理論の構築を試みなければならない最初の機会を与えている．しかし重力の量子化が困難であり，重力の支配が真に重要となる巨視的な尺度領域において量子効果が小さいと予想されるならば，何故，重力の量子化に頭を悩ませる必要があるのだろうか？我々は重力を，古典的な相互作用のままで措いておいてはいけないのか？ これは議論に値する問題である．重力を量子化する試みは1930年代から続いている．およそ80年にもわたり成功がおぼつかないのに，何故，挑戦を続けるのか？

まず初めに，実現可能な実験的状況において，その記述のために重力の量子化が必要とされることは無いにしても，重力の量子論が必要になるであろうと想像される物理的な過程は数多く考えられる．ひとつの単純な例としては，2つの粒子の衝突実験において，重力が関与するほど衝突エネルギーを高くした場合がある．もうひとつの例としては，本書で後から論じる予定であるが，ブラックホールがHawking（ホーキング）輻射によって蒸発してゆき，その質量がPlanck（プランク）質量（10^{-5} g）と同等にまで減少した時の状況がある．更に，これも後から本書で取り上げるが，ビッグバンに近い時点で宇宙に何が起こったかという問題もある．また，概念的な明確さや物理学の理論的な統一という観点からも，4種類の基本的な相互作用のうち3種類だけが量子化され，重力だけが古典論のままで残されているという状況は不満足なものである．物理学の歴史において，理論の統一（より正確には，別々の理論の背景として存在する枠組み（フレームワーク）の統一）という観点が，著しい成功を導いてきたことは注意に値する．たとえばNewton力学とMaxwell電磁気学を共通の基盤において統合することによって，特殊相対性理論が導かれた．更に，その枠組みに重力を合せ込むことで一般相対性理論が導かれた．特殊相対性理論と量子力学の組み合わせから，場の量子論が導かれた．場の量子論において電磁気学と弱い相互作用を統合することによって，初めて満足のいく形の電弱統一理論が得られた．これらのすべての例において，異なる理論を共通の基盤に載せ

---

[1] 微分同相写像（diffeomorphism）は，多様体の各点をそれぞれもうひとつの点に対応させ，かつ，それが微分可能であるような写像である．本質的に"多様体における点を巡らす"ような写像である．

ることによって，新たな物理学の予言が導かれており，それらの中には劇的な含意を持つものもあった．たとえば特殊相対性理論に重力を組み込むと，重力自体は極めて弱い力であるけれども，そこからブラックホールやビッグバンの概念が現れたのである．場の量子論は，真空において常に粒子と反粒子が生成・消滅をしているという概念を創出した．

更には，我々が量子重力の完全な理論を持たないために，重力に関係する観測上の帰結について，正確な議論を行うことが困難だという例もある．説明できない現象が確かに存在する．たとえば宇宙論モデルにおける暗黒エネルギー（ダーク）や暗黒物質（ダーク・マター）は——憶測ではあるが——最終的に，重力理論に修正を要求するものになるかも知れない．量子重力は，これらの現実に観測される効果を説明する必要がある．

しかし，理論的な可能性の考察を無視するならば，実践的に見て，重力を量子化する必要はあるのだろうか？ 先ほど言及したように，結果を説明するために量子重力が必要となるような顕著な実験は存在しない．しかし究極的な解答は得られていないにしても，古典的な重力が量子場と相互作用するような無矛盾な理論を構築することは難しいであろうと論じられている．議論は即座に不確定性原理の問題に突き当たる．Eppley and Hannah (1977) や Page and Geilker (1981) は，この問題点を明示するような思考実験を工夫した (しかしながら，その批判について Mattingly (2006) も参照)．たとえば，量子的な物体が，運動量の不確かさが極めて小さい状態，したがって同時に位置の不確かさが極めて大きい状態にあるものと考えよう．これに対して，極めて鋭い (古典的な) 重力波の波束を用いて，高精度の位置測定を行う．そのためには，極めて高い振動数を含む重力波成分の重ね合わせが必要となるが，古典的な重力は任意に小さい運動を持つことができる．量子系の運動量の不確かさは，高精度の位置の測定を通じて，突然に非常に大きくなる．したがって，この物理系全体の運動量も大きな変化が生じる可能性があり，それは運動量保存を破ることになる．

このような思考実験は，現実に実行できるものではないので，究極的な証明にはならない (上述の例では，重力相互作用が弱いために，重力波を発生させ制御することが非常に難しい)．Carlip (2008) は，古典重力場を量子系に無矛盾な形で結合させるためには，量子力学を非線形に修正することが必要であり，そのことについては将来，実験検証が可能であることを論じた．

さらにつけ加えるならば，物理学における 2 つのパラダイムである一般相対性理論と場の量子論は，それら自体に問題を持っている．一般相対性理論においては，1960 年代と 1970 年代に証明された強力な数学の定理によって，一般的な条件下において時空が特異点を持つことが示された．そのような特異点の例としては，宇宙の始まりにおいて起こった信じられているビッグバンの特異点と，ブラックホールの内部に生

じる特異点がある．特異点は一般に諸量の発散を伴い，それはその点が理論の適用範囲から外れることを意味する．そのような特異点の付近では，エネルギー密度が，完全に古典的な方法では扱えないような水準になると考えられる．したがって，場の量子論と一般相対性理論を統一した理論は新たな見方を提供し，おそらく特異点を解消するであろうと予想される．

場の量子論にも問題がある．多くの量子力学的演算子が，数学的には'関数'ではなく，Dirac（ディラック）のデルタ関数のような'分布' (distribution：'超関数'とも訳される) になる．相互作用を調べる際に，これらの演算子の積を考える必要があるが，そのような積は，よく定義されたものにはならない．場の量子論におけるある種の発散は，繰り込み (renormalization) と呼ばれる手続きを通じて結合定数を再定義することによって除くことができ，理論から物理的な予言を導くことも可能である．それにもかかわらず，独立した数学理論として見ると，場の量子論の定義は極めて不満足なものであり，本当は収束しない摂動級数 (技法的には漸近展開と呼ばれる) を扱わねばならない．場の量子論の数学的な特異性の問題は，場と演算子の分布的な性質に起因している．背景となる空間と時間の描像を変更するならば，場と演算子の分布的性質も変わることは明白である．これは場の量子論の特異性を解消する可能性を開くかも知れない．

最後の2つの要点をまとめてみる．現在，重力の物理学のパラダイムと場の量子論のパラダイムは不完全であり，それぞれが特異性を含んでいる．これらのパラダイムを統合することにより，特異性が解消される可能性が，明確に期待できるように思われる．審美性や，先ほど言及した思考実験や，重力と場の量子論それぞれ単独のパラダイムの統合によって諸問題が解消される可能性は，重力を量子化すべき充分な動機付けになり得るという観点を，我々は採ることにする．

上述の議論は，量子重力の分野において，現在，人々が研究の対象として取り組もうとしているいくつかの未解決の問題にも照明を当てる．ビッグバンにおいて特異点は存在したのか，それとも現在の宇宙は，それ以前の宇宙から発展したものなのだろうか？　もし後者であるならば，ビッグバン以前の宇宙からの情報の残滓は残っているのだろうか？　このようなビッグバンの概念の修正の可能性は，その後の宇宙の変化に影響を及ぼすだろうか？　特に，インフレーション過程の進展の様相や，原子核の生成や，宇宙における構造の形成などに？　ブラックホールの内部において，時空の曲率が大きくなったときに何が起こるのだろうか？　そこを通ると再び，もうひとつの時空領域に到達するのか？　現在，我々はブラックホールが黒体のように輻射を発していて，最終的に蒸発してなくなってしまうことを知っている．そのような蒸発過程の詳細は，どのように記述されるのか？　ブラックホールの蒸発による最終的な生成物は，ブラックホールの温度以外の要因を何も反映しない純粋に熱的な輻射だが，

それならばブラックホールを形成した物質に含まれていた情報はどうなってしまうのだろう？ 重力を量子化することによって，何か我々が観測できるような現象的な帰結が生じるのだろうか？ 我々は本書の後ろの部分において，これらすべての話題に言及する予定である．

話を転じて，この分野の歴史を少々述べてみよう．ここでは詳しい歴史に言及するのではなく，背景となる最低限の知識を与えるにとどめる．量子重力の歴史を紹介している簡明な文献としてはRovelli (2002)がある．重力の量子化に対する言及は，1916年のEinsteinの論文において既にあり，それからRosenfeldとBronsteinがこの題材を詳細に扱った論文を初めて出したのは1930年代，重力を量子化するための重要な試みが開始されたのは1960年代初期以降である．3種類の異なるアプローチが現れた．第1のアプローチは正準量子化である．これは本書においても多分に重視するが，それは，このアプローチが学部の水準の初等的な量子力学の取扱いに似ており，学生たちにも馴染みやすいと思われるからである．しかし，このアプローチでは時空を時間と空間に分離することになり，そのことに付随して複雑さが加わる．重力を記述する理論のハミルトニアンによる定式化は，理解が進むまでに時間を要した．本書でも，この問題おいて努力が必要とされた理由について，ある程度の事情を把握できるようにする．第2のアプローチは，時空が，平坦な状態に小さな摂動が加えられた状態にあるものと仮定して，摂動論を調べる方法である．このような摂動的アプローチは電磁気学や弱い相互作用，強い相互作用において(後者の場合はある特別な領域において)有効であった．しかし重力に関して，摂動的なアプローチは困難に直面する．電磁気学や弱い相互作用や強い相互作用では，理論を無単位量の結合定数を用いて定式化することができる(たとえば電磁気学では微細構造定数)．重力では，これが不可能である．結合定数が単位を持つということは，摂動論の常套手段として数式を結合定数の冪で展開する際に，式の単位を一定に保つために，各次数において余分な運動量の冪を導入しなければならないことを意味する．運動量の余分の冪は，相互作用項から生じる積分を発散させてしまう．作用汎関数の式を修正してそのような発散に対処することができるが，すべての発散を解消するためには無数の修正が必要になる．無限個の項を手で入れなければならないということは，その理論に予言能力がないということである．この問題は非繰り込み性(non-renormalizability)として知られている．Stelle (1977)は，作用の式に高次項を加えることによって発散を解消できることを示したが，そのようにして得た重力理論は非物理的性質を持ってしまう．摂動的アプローチに関するよいレビューはWoodard (2009)である．このアプローチについて，本書では著しく単純化した議論だけを提示する．第3のアプローチは，Feynmanの径路積分を用いるものである．このアプローチでは，すべての古典

的な径路に関する確率振幅を足し合わせることになるが，重力に適用する場合，すべての可能な時空に関する和が必要になる．これは手に負えないほど困難であることが判明している．注目すべきことに，ループ量子重力の技法は，この径路積分に厳密な方法で定義を与える試みに利用されているが，その技法は"スピン泡"(spin foam)として知られている．本書では，ごく簡単にスピン泡に言及する．

上述の3種類のアプローチが困難に遭遇したことと並行して，別筋の考え方も試みられてきた．すなわち基本的な相互作用すべてを，ひとつの理論に統一する試みである．この考え方の動機は，弱い相互作用に関する経験から来ている．弱い相互作用は，それ自体では量子化が完遂できなかったが，電磁気学と統合された統一理論によって，それが可能となった．重力に関しても状況は似ているのだろうか？ 重力を他の相互作用と統合した統一理論によって，量子化が可能になることはあり得るだろうか？ このような観点は，素粒子物理学を出自とする多くの物理学者によって好まれる傾向がある．長い年月にわたり，重力を他の相互作用と統合した統一理論を作り，それと同時に量子重力の理論を提供しようとする一連の試みが続いてきた．これらの試みの中には，Kaluza-Klein理論，超重力，そして近年では弦理論とM理論がある．本書ではこれらのアプローチに関する議論は行わない．学部の学生向けの弦理論の教科書としはZwiebach (2009)がある．

ここまでに述べてきたアプローチに加えて，少数の研究者のグループが取り組んでいるアイデアもある．因果力学的三角区分法(causal dynamical triangulation)，因果集合(causal set)理論，行列模型(matrix model)，Regge計算法(Regge calculus)，ツイスター(twistor)，非可換幾何学(noncommutative geometry)，漸近安全性のシナリオ(asymptotic safety scenario)などである．これらは本書では扱わない．よい入門的概論が，Smolin (2002)によって与えられている．

1980年代の半ばに，Ashtekarは重力の式を変数を変更して書き直し，素粒子物理の理論と似た理論にできることを示した．このことは，素粒子物理の技法を重力の量子化へ持ち込めるのではないかという期待を高めた．その期待に基づいて得られた重力の量子化へのアプローチは"ループ量子重力"と呼ばれており，これこそが本書で扱う題材である．これは重力の量子化をそれ自体として，他の相互作用との統合を必要としない形で理解しようとするひとつの試みである．

現在のところ，弦理論もループ量子重力も不完全な理論である．一部の人々は，これらの理論がやがて完成した暁には，一方が正しくて，もう一方が誤っていることが判明するであろうと見ている．我々の観点は，もっと穏当なものである．弦理論とループ量子重力が両方とも，異なる言葉で重力の量子論を提供し，それぞれのアプローチによって，問題の別々の側面に自然な照明が当てられることになるのではない

かと思う．しかし現時点では，本当にこのようになるかどうか，明確な見通しは得られていない．

第 2 章　特殊相対性理論と電磁気学

　Newton(ニュートン)の力学法則は，ある種の座標系を採用したときに，最も単純な形を取る．そのような座標系は慣性系 (inertial frame) と呼ばれる．慣性系の決め方はひと通りではなく，別々の慣性系はすべて互いに等価であり，力学法則から，その中で特に好ましい慣性系を選ぶことはできない．すべての慣性系において Newton の法則は同じ形を取る．これが Galilei(ガリレイ)の相対性原理である．しかしながら，Maxwell(マックスウェル)によって定式化された電磁気学を考えると，異なる Galilei 座標系に区別が生じるように見える．Einstein(アインシュタイン)はこのことに着目し，理論的状況が極めて不満足なものであることを見出した．特に，導線の近くで磁石を動かしても，導線を磁石の近くで動かしても，どちらも導線に電流が流れるという全く同じ結果が得られるにもかかわらず，それらを記述するためには，2つの異なる物理法則を用いる必要があるということに Einstein は頭を悩ませた．このことは，電磁気的な挙動を Newton 力学的な言葉で理解しようとする際に現れる多くの矛盾のうちのひとつに過ぎない．

　Einstein の見解は，すべての物理法則は相対性原理に従わなければならない，すなわちすべての慣性系において物理法則は同じ形を取るべきだ，というものであった．もし Maxwell の方程式が，すべての慣性系において同じ形を取るとするならば，光の速さは，あらゆる慣性系において同じ値でなければならない．これは，異なる慣性系を Galilei 変換によって関係づけることができないことを意味している．Galilei 変換は，光速を一定に保たないからである．Einstein の観点を受け入れるならば，Galilei 変換の概念は，それに基づいて構築されている Newton 理論の空間と時間に関する仮説とともに，棄て去らなければならない．そこで，異なる慣性系から観測した同じ事象を関係づける新たな変換法則が必要となる．そのようにして得られる変換が，Lorentz(ローレンツ)変換である．Galilei の相対性原理は，日常的な観察に根ざした常識に基づいて構築されたものであるが，そのような観察は，実は物体の速度が比較的狭い範囲に限定された状況下のものであった．Galilei の相対性原理は，より基本的な (そして物理的に正しい) 相対性原理の，低速度領域における近似に過ぎなかったのである．正しい相対性原理は，空間や，時間や，同時刻の概念に関して多くの含意を持っている．本章では，これらの概念についていくらか調べ，それを記述するための数式的な記法を導入

する．新たな記法は，後から一般相対性理論を記述する際にも用いられることになる．

2.1 空間と時空

通常の3次元空間における初等的なベクトルの表記から話を始めよう．まず空間内に，デカルト座標 (直交直線座標) x^i $(i = 1, 2, 3)$ を設定する．空間内の2点間の距離を Δs とすると，

$$\Delta s^2 = \left(\Delta x^1\right)^2 + \left(\Delta x^2\right)^2 + \left(\Delta x^3\right)^2 = \sum_{i=1}^{3} \left(\Delta x^i\right)^2 \tag{2.1}$$

と表される．Δx^i は，2点の i 番目の座標の差である．図2.1に示すように，新たなデカルト座標を導入することもできる (ここでは簡単に2次元の例を描いてある)．2点間の距離は，座標系を変更しても変わらない．

$$\Delta s^2 = \sum_{i=1}^{3} \left(\Delta x^{i'}\right)^2 \tag{2.2}$$

新たな座標の組を $x^{i'}$ と表記した．ここでプライム記号を座標名ではなく，添字に付けていることは，後から便利であることが分かる．x^i と $x^{i'}$ は，次の形で関係づけら

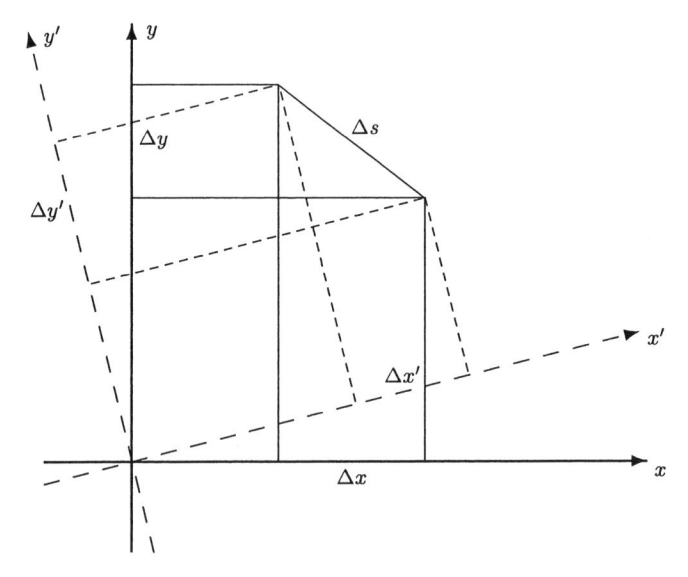

図2.1 2組のデカルト座標軸．

れる．

$$x^{i'} = \Lambda^{i'}{}_i x^i \equiv \sum_{i=1}^{3} \Lambda^{i'}{}_i x^i \tag{2.3}$$

また，座標の差も，同様の関係を持つ．

$$\Delta x^{i'} = \Lambda^{i'}{}_i \Delta x^i \tag{2.4}$$

ここでは"Einsteinの和の規約"を導入した．すなわち，繰り返して用いられている添字は，一緒に1から3まで変更して，それらの和を取るという措置を自動的に行うものと解釈する．当面，上付き添字と下付き添字に違いはないが，後からこの区別が意味を持つことになる．図に示した回転変換の例において，回転角をθとすると，変換行列Λは次のように与えられる．

$$\Lambda^{i'}{}_i = \begin{pmatrix} \cos\theta & \sin\theta & 0 \\ -\sin\theta & \cos\theta & 0 \\ 0 & 0 & 1 \end{pmatrix} \tag{2.5}$$

ベクトルは，座標変換の下で，座標値と同じように変換する3つの数の集まりA^i ($i=1,2,3$) である．すなわち，ベクトルの変換は，次のようになる．

$$A^{i'} = \Lambda^{i'}{}_i A^i \tag{2.6}$$

読者は上述の概念を，すべて既に承知しているものと思う．我々はここで単に，記号の使い方を決めているだけである．おそらく読者がそれほど馴染んでいない概念は"テンソル"(tensor)であろう．テンソルは，ベクトルを，複数の添字を持つように一般化したものである．鍵となる概念は，テンソルにおけるそれぞれの添字が，あたかもベクトル添字であるかのように変換するということであり，その変換性は他の添字がどうなっているかということには依らない．たとえば，2つの添字を持つテンソルS^{ij}を考えるならば，これは座標変換の下で次のように変換する．

$$S^{i'j'} = \Lambda^{i'}{}_i \Lambda^{j'}{}_j S^{ij} \tag{2.7}$$

ここではEinsteinの規約により，iに関する和の計算とjに関する和の計算が含意されている．

通常のNewton力学では，デカルト座標を採用するならば，必要となるのは3次元ベクトルの変換だけである．そして，時刻変数tは変更されない．しかし特殊相対性理論では状況が異なる．特殊相対性理論は，時空に言及する理論であり，そこには空

間と時間を混合するような変換が含まれる．しかしながら注目すべきことに，ここまで述べてきた座標変換の言葉は，ほとんど変更することなしに特殊相対性理論にも適用することができる．

座標 x^μ ($\mu = 0, 1, 2, 3$) を持つ 4 次元時空を考えてみよう．$\mu = 1, 2, 3$ は，ここまで論じてきた空間座標 x^i に対応し，第ゼロ成分は ct である．c は光速を表す．ここで c が必要となる理由は，すべての成分に同じ単位を持たせるためである．理論物理学においては，$c = 1$ となるような単位系を選ぶのが普通である．本書でも，特に光速の役割を強調したいときに断り書きを入れて使用する場合を除き，通常は，この慣行に従うことにする．$c = 1$ のように選ぶことは，時間を距離の単位で測ることを意味する．時空内における "点" は "事象" (event) を表す．事象は空間内の点と時間軸方向における特定時刻を決めることによって指定される．

ここまでのところ，物理的な観点から何ら特別なことは為されていない．Newton 力学においても，空間と時間から 4 次元ベクトルを構築して，同様の記法を設定することもできたはずである．しかしそのような措置は便利ではなかったであろう．Newton 力学において時間 (時刻) は座標系によらず不変なので，座標変換の際には第 1, 2, 3 成分の変換だけが必要で，第ゼロ成分は変更されない．第ゼロ成分を統合して 4 次元ベクトルを作っても，得られるものは何もない．

物理的に新しいことを見出すためには，時空における "不変距離" の概念を導入する必要がある．この概念は特殊相対性理論において物理的に重要となるものである．2 つの事象の間の "不変距離" Δs は，次式によって与えられる．

$$\Delta s^2 = -(c\Delta t)^2 + (\Delta x^1)^2 + (\Delta x^2)^2 + (\Delta x^3)^2 \tag{2.8}$$

これは，本当の意味での距離ではないことに注意してもらいたい．不変距離の自乗は，正の値を取ることも，負の値を取ることもあり，ゼロになることも (2 つの点が一致していない場合でさえ) ある．不変距離は "Lorentz 変換" の下で不変である．つまり，Lorentz 変換 $x^{\mu'} = \Lambda^{\mu'}{}_\mu x^\mu$ を施したときに[1])，不変距離の自乗は変わらない．

$$\Delta s^2 = -(c\Delta t')^2 + (\Delta x^{1'})^2 + (\Delta x^{2'})^2 + (\Delta x^{3'})^2 \tag{2.9}$$

Lorentz 変換には，いろいろな種類の変換が含まれる．まず第 1 に，通常の空間内における回転変換も Lorentz 変換に含まれている．たとえば図 2.1 (p.10) に示したような角度 θ の回転変換も Lorentz 変換の一例であり，その変換行列は次式で与えられる．

---

[1]) 4 次元時空内の量を考える場合，繰り返された添字は，それらを 0 から 3 まで変更した量の和を含意する．

$$\Lambda^{\mu'}{}_{\mu} = \begin{pmatrix} 1 & 0 & 0 & 0 \\ 0 & \cos\theta & \sin\theta & 0 \\ 0 & -\sin\theta & \cos\theta & 0 \\ 0 & 0 & 0 & 1 \end{pmatrix} \tag{2.10}$$

"等速推進^{ブースト}"と呼ばれる変換もある．変換前の座標系に対して，各座標軸の平行を保ったまま一定速度で移動している座標系へ移る変換である．たとえば元の座標系に対して，x^1 の向きに速度 v で等速移動している新たな座標系を考えると，

$$\Lambda^{\mu'}{}_{\mu} = \begin{pmatrix} \cosh\phi & -\sinh\phi & 0 & 0 \\ -\sinh\phi & \cosh\phi & 0 & 0 \\ 0 & 0 & 1 & 0 \\ 0 & 0 & 0 & 1 \end{pmatrix} \tag{2.11}$$

となる．パラメーター ϕ（$-\infty$ から ∞ までの値を取り得る）は，$\phi = \tanh^{-1}(v)$ と与えられる（$c=1$ を採用していることに注意）．この行列を用いて，具体的に変換 $x^{\mu'} = \Lambda^{\mu'}{}_{\mu} x^{\mu}$ を書き下すと，次のようになる．

$$t' = t\cosh\phi - x\sinh\phi \tag{2.12}$$
$$x' = -t\sinh\phi + x\cosh\phi \tag{2.13}$$

これらの式は，あまり見慣れないものかもしれないが，式を少々変形すると，馴染み深い形になる．

$$t' = \gamma(t - vx) \tag{2.14}$$
$$x' = \gamma(x - vt) \tag{2.15}$$

ここで $\gamma = 1/\sqrt{1-v^2}$ である．もし速度 v が光速に比べて充分に遅いならば（我々の単位系では $v \ll 1$），上式は $t' = t$ および $x' = x - vt$，すなわち Galilei 変換に帰着する（光速を明示すると理解しやすい．第 1 式は $t' = \gamma(t - vx/c^2)$，第 2 式は変わらず，$\gamma = \sqrt{1-v^2/c^2}$ で，$v \ll c$ とする）．

通常の回転変換が空間距離を不変に保つように，Lorentz 変換は，式 (2.8) で導入した時空における不変距離を不変に保つ．Lorentz 変換は空間座標と時間座標を混合するので，空間と時間を合わせて 4 次元の一体的な実体と見なすのが自然である．しかしながら時空の不変距離の自乗の定義の中に現れる負号は重要な意味を持つ．このことのいくつかの側面を見るために，"時空ダイヤグラム"を考察することが大変ためになる．議論を簡単にするために，空間の 3 次元のうちの 2 次元を省いて，x 方

第2章 特殊相対性理論と電磁気学

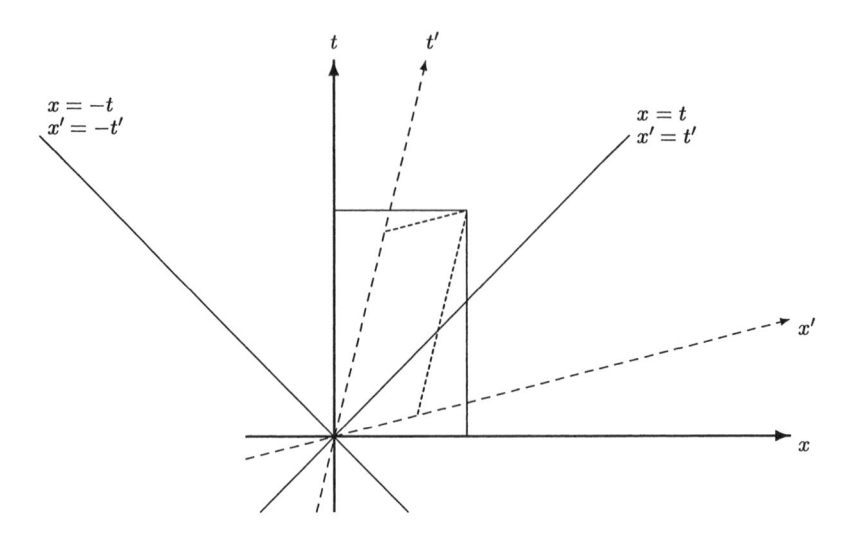

図2.2 時空における Lorentz 変換の効果.

向の等速推進(ブースト)を考えてみる.図2.2を見ると,図2.1 (p.10) と比べて重要な違いを見て取ることができる.この変換は回転ではなく,座標軸が $x = t$ の線に関して対称に"接近する"ような変換である.対称線は不変に保たれ,$x' = t'$ は元の線と一致する ($x = -t$ についても同様).この $x = \pm t$ という線が,物体が時空の中を光速で (右向き/左向きに) 進む場合の軌跡にあたることに注意してもらいたい.我々は特殊相対性理論において光速が不変であることを知っており,$x = \pm t$ が不変であることは,この事実を反映している.我々が空間座標を2つ省いていることを思い出すならば,ここでの $x = t$ の線は,実際の4次元時空における"光円錐" (light-cone) $t^2 = (x^1)^2 + (x^2)^2 + (x^3)^2$ に対応する.これは時間座標の自乗の式なので,ダイヤグラムの原点から見て,"未来の光円錐" (上側に拡がる円錐) と "過去の光円錐" (下側に拡がる円錐) が存在する.ダイヤグラムの原点は任意に選べるので,この状況は任意の時空点に適用できる.時空内のあらゆる点を基点として,未来の光円錐と過去の光円錐がある.ある時空点から見て,過去側および未来側の光円錐の内部にあるすべての点は,その時空点から「時間的 (time-like) に離れている」と言われる.時間的に隔たっている2点の,時空における不変距離の自乗は負である.一方,光円錐の外部にある点は,その光円錐の基点 (頂点) にあたる時空点から「空間的に離れており」(space-like separated),通常の空間距離と同様に,その不変距離の自乗は正である.最後に,光円錐の面上にある点は,その光円錐の基点から「光的 (light-like) に離れ

ている」もしくは「零である」と言われる．この場合，光円錐の基点からの不変距離はゼロになる！このような描像において，同時刻の概念は絶対的なものではないことに注意してもらいたい．座標系 t, x を考えるならば，そこでは $t=0$ のすべての点が同時刻であり，それらは原点を通る水平線に対応する．しかしながら，同じ線を別の座標系 t', x' において見るならば，それは t' が一定値を取るような線には対応しない．すなわち，この新たな座標系から見て，元の座標系の水平線を構成する事象点は，同時刻に属さないのである．

　同時刻性が普遍的な概念でないということは，初めのうちは我々に思考の混乱を引き起こし，多くの"逆理"（パラドックス）を導く．そのような逆理を解消する最も簡単な方法は，時空ダイヤグラムを描いてみることである．そうすれば，大抵は，空間的な直観に基づく先入観がどのような誤りを導くかが明確になる．たとえば移動している物体の長さは短くなるように見える．これは"Lorentz 収縮"として知られている．これはその物体を，静止しているときには入らない小さな箱に入れられるようになるということなのだろうか？この疑問は「棒と物置 (pole in the barn) の逆理」の核心であるが，これに関する考察は，章末の問題に譲ることにする．

　時空ダイヤグラムの基礎について，要点をまとめておく．既に述べたように，光線は光円錐の面に沿って進む．空間次元2つを省いたダイヤグラムにおいて，原点から発せられた光線は，傾きが 45° の直線 $t = \pm x$ ($c=1$ の下で) に沿って進む．静止している粒子は縦方向の直線をたどって上方へ向かう．運動する粒子については，その速度は光速未満であり，その軌跡は水平線に対して 45° より傾きが大きい線として記述される．ある事象点に対して，未来側の光円錐内部に存在する事象点は，元の点に対して「因果的に結合している」(causally connected) と言われる．すなわち元の事象点から影響を受ける可能性があるわけである．光円錐の外部にある事象点には，光速を超える伝達が起こらない限り，影響が及ぶことはない．時空における一定速度の運動は，時空ダイヤグラムでは直線として表され，その傾きが速度に対応する．物体を加速させ続けると，その軌跡の傾きは最終的に $t = \pm x$ の傾きに漸近する．いくら加速を続けても，物体の速度が光速を超えることはないからである．等速運動している座標系へ移ることを考える場合に注意すべき点は，既に述べたように座標軸が互いに"接近する"だけではなく，座標軸の尺度変更も生じることである．これは光速に近い速度を考える際に重要になる．逆理の仕掛けを調べるために時空ダイヤグラムを描く時には，このことを考慮しなければならない．

2.2 相対論的力学

空間のベクトルと同様に，時空においても，座標値と同じように変換する4つの数 A^μ ($\mu = 0, 1, 2, 3$) の集まりとしてベクトルを定義する．すなわち $A^{\mu'} = \Lambda^{\mu'}{}_\mu A^\mu$ である．4元ベクトルの例を考察するために，時空における軌跡の曲線 $x^\mu(\lambda)$ を考える．λ はパラメーターである．この軌跡を表す時空曲線の正接 $U^\mu \equiv dx^\mu/d\lambda$ を構築するならば，これが座標と同じように変換するベクトルであることは即座に分かる．変換行列 Λ は λ に依存しないからである．

異なるベクトル間の有用な評価値として，スカラー積がある．我々は通常のベクトルにおいて，自身とのスカラー積が，そのベクトルの長さの自乗を与えることを知っている．通常の空間におけるスカラー積は，たとえば距離の概念に立脚して，

$$\Delta s^2 = \delta_{ij} \Delta x^i \Delta x^j \tag{2.16}$$

と定義することができる．δ_{ij} は3次元における単位行列，すなわち $i = j$ のときに 1，その他の行列要素はゼロである．したがって，距離の自乗 Δs^2 は，Δx^i とそれ自身のスカラー積であると言える．同様にして4次元時空におけるスカラー積も定義できるが，ここで用いられる行列 $\eta_{\mu\nu}$ は，単位行列ではない．

$$\Delta s^2 = \eta_{\mu\nu} \Delta x^\mu \Delta x^\nu \tag{2.17}$$

ここで $\eta_{\mu\nu} = \text{diag}(-1, 1, 1, 1)$ である．この行列は "Minkowski 計量" と呼ばれる．"計量" (metric) という言葉は，これが距離を計るためのものであることを表している．この計量を用いて，任意の異なるベクトルのスカラー積も，同じベクトル同士のスカラー積も定義される．時空における距離の自乗と同様に，4元ベクトルの自身とのスカラー積は正定値にはならない．これが負であれば，このベクトルは時間的であると言われ，正であれば空間的であると言われ (ただし文献によって，どちらを正でどちらを負とするか，扱い方に違いがある)，ゼロであれば "零" であると言われる．

ベクトルの変換行列は，Minkowski 計量を不変に保つ．

$$\eta_{\mu\nu} = \Lambda_\mu{}^{\mu'} \Lambda_\nu{}^{\nu'} \eta_{\mu'\nu'} \tag{2.18}$$

よって，時間的，空間的，零の区別も，座標系によらず不変な概念である．

時空における曲線を考える場合，その曲線に沿った "長さ" を評価する必要がある．

$$\Delta l = \int \sqrt{\eta_{\mu\nu} \frac{dx^\mu}{d\lambda} \frac{dx^\nu}{d\lambda}} \, d\lambda \tag{2.19}$$

根号の中身が負になる可能性があるので，注意が必要である．上の定義はこれが正である限りにおいて正しい．つまり，この定義において対象となる曲線は空間的でなけ

2.2. 相対論的力学

ればならない．他方，時間的な曲線を扱う場合，すなわち曲線上に連なる点同士が互いに光円錐の内部にある場合には，正接ベクトルが時間的になり，上式の根号の中身は負になる．したがって，この場合は，代わりに次の量を定義することができる．

$$\Delta\tau = \int \sqrt{-\eta_{\mu\nu}\frac{dx^\mu}{d\lambda}\frac{dx^\nu}{d\lambda}}\, d\lambda \tag{2.20}$$

τ は"固有時間"(proper time)と呼ばれる．その理由は，空間的に動かない時空内の軌跡，すなわち静止してる粒子の軌跡を考えると $\Delta\tau = \Delta t$ となり，その粒子の経過時間と一致するからである．質量を持つ粒子の軌跡は常に時間的である．無質量の粒子の軌跡は零になり，その軌跡の"長さ"はゼロと見なされる．

この概念を利用して，粒子の運動に関係する物理的なベクトルである速度ベクトル $U^\mu \equiv dx^\mu/d\tau$ を定義できる．$d\tau^2 = -\eta_{\mu\nu}dx^\mu dx^\nu$ なので，即座に $\eta_{\mu\nu}U^\mu U^\nu = -1$ となることが分かる．つまり，このように定義した4元速度ベクトルは，自動的に規格化されている．

速度ベクトルに関連する4元ベクトルとして，4元運動量ベクトルがある．これは $p^\mu = mU^\mu$ と定義される．m は粒子の"静止質量"(rest mass)である．m は Lorentz 変換の下で不変であり，粒子が静止している座標系においては，p^μ の第ゼロ成分に等しい．粒子が静止している座標系，すなわち $p^\mu = (m, 0, 0, 0)$ を出発点として，Lorentz 変換によって粒子が速度 v で等速運動している座標系へ移行することを考える．例として，粒子が x 方向に等速推進しているような座標系への移行を考えよう．この場合，$p^{\mu\prime} = (\gamma m, v\gamma m, 0, 0)$ となる．$\gamma = 1/\sqrt{1-v^2}$ である．v が小さいと仮定しよう．つまり粒子は光速に比べてゆっくりと運動しているものと考える．Taylor 展開，$\gamma \sim 1 + v^2/2 + \cdots$ を施すと，初めの次数において $p^0 = m + mv^2/2$, $p^1 = mv$ である．したがって低速度において，4元運動量の空間成分は，通常の非相対論的な運動量に等しい．第ゼロ成分はどうだろう？ $mv^2/2$ は運動エネルギーに同定されるが，m という項は何なのか？ これは静止座標系における質量のエネルギーを表し，(c を明示するならば) 有名な公式 $E = mc^2$ に対応している．つまり4元運動量の第ゼロ成分は，運動エネルギーの寄与を含むか否かにかかわらず，必ず静止質量からの寄与 mc^2 を含んでいるのである．したがって，4元運動量ベクトルは，粒子のエネルギーと運動量を表している．

相対論的な力学の定式化を完成させるために，Newton の法則の4次元版を導入する．このために4元加速ベクトル $a^\mu = dU^\mu/d\tau$ を定義し，これが4元力に比例するものとする．

$$f^\mu = ma^\mu \tag{2.21}$$

4元力は，任意に与えることのできる4元ベクトルではない．4元速度に直交させなければならないからである (このことは $\eta_{\mu\nu}U^\mu U^\nu = -1$ を微分することによって容易に分かる)．つまり4元力は，3つの独立な成分を持つ．

電磁気学の話題に移る前に，添字の扱い方に関して，追加の規約を導入する必要がある．通常のベクトル代数では，添字の位置の区別に注意する必要はない．しかし時空を扱う場合には，上付きの添字と下付きの添字に区別を設けると都合がよい．4元ベクトル A^μ が与えられたとき，それに対応する「添字を下げた」4元ベクトルを $A_\mu \equiv \eta_{\mu\nu}A^\nu$ のように定義する．これらの2つのベクトルは同じものではなく，成分のひとつの符号が異なる．これが便利となる理由のひとつは，2つのベクトルの一方を添字が上付き，もう一方を添字が下付きにしておくと，それらに関する (Lorentz不変な) スカラー積が，簡単にそれぞれの成分の積の和 $A_\mu B^\mu \equiv A^\mu B^\nu \eta_{\mu\nu}$ によって与えられるからである．同様に，下付き添字を持つベクトルが与えられたとき，$A^\mu = \eta^{\mu\nu}A_\nu$ のように「添字を上げる」ことができる．行列 $\eta^{\mu\nu} = \mathrm{diag}(-1,1,1,1)$ は $\eta_{\mu\nu}$ と一致する．読者には，これが単なる負号を扱うための無意味な仕掛けに見えるかもしれない．しかし本書の後の方で，平坦ではない時空を論じる際に，$\eta_{\mu\nu}$ はもっと複雑な，非対角で非定数の行列に置き換わる．その場合には添字の上げ下げが単なる成分の符号の反転以上の含意を持つことになる．このように違いがあるならば，下付き添字を持つ量と，上付き添字を持つ量を，同じ呼び方で呼ぶのは何故なのか？ その理由は，両者が持つ物理的な内容が同じだからである．両者は，計量が与えられた下で，同じ内容を，互いに異なる形に"再編成"したものにあたる．そして，ある種の物理量は，下付き添字を用いて自然に定義され，別の種類の物理量は，上付き添字を用いて自然に定義されるということがある．たとえば4元速度ベクトルは，通常，上付き添字を付けて自然に定義される．これは曲った時空においても同様である．この"自然に"という意味は，上付き添字のベクトルを用いれば，その定義に時空の計量を持ちだす必要がないということである．下付き添字のベクトルから4元速度ベクトルを定義するには，計量を含める必要が生じる．

この時点で，テンソルに関して用いられる術語について，ついでに言及しておくのが好都合である．それは対称性と反対称性である．添字の組 (すべて下付き，もしくはすべて上付きとする．両者の混在は考えない) は，それらの中でどのように対を選んで入れ換えても，同じものになる場合，そのテンソルは対称であると言う．最も簡単な例は $\eta^{\mu\nu}$ で，これは対称行列なので $\eta^{\mu\nu} = \eta^{\nu\mu}$ を満たす．しかし，この概念は，添字がもっと多い場合にも拡張される．他方，添字の組 (上付きのみ，もしくは下付きのみ) において，任意の対を選んで入れ換えると，テンソル全体の符号が反転する場合，そのテンソルは反対称であると言う．次節では，反対称テンソルが重要な役割

を持つひとつの例を見ることになる.

2.3　Maxwell理論

電磁気学に注意を向けてみよう．Maxwellの電磁気理論は，2つのベクトル場の理論である．それらは電場 E^i と，(擬ベクトル場である) 磁場 B^i である．我々は基礎物理に関心があるので，これらの場が真空中で電荷と結合している状況だけを考え，媒質については論じない．Maxwell方程式は，伝統的なベクトル記法では，以下のように書かれる[2]．

$$\vec{\nabla} \times \vec{B} - \frac{\partial \vec{E}}{\partial t} = 4\pi \vec{J} \tag{2.22}$$

$$\vec{\nabla} \cdot \vec{E} = 4\pi \rho \tag{2.23}$$

$$\vec{\nabla} \times \vec{E} + \frac{\partial \vec{B}}{\partial t} = 0 \tag{2.24}$$

$$\vec{\nabla} \cdot \vec{B} = 0 \tag{2.25}$$

ρ は電荷密度，$\vec{J}$ は電流密度である．これらの式を，時空の記法によって書き直してみる．これを行うために，添字を用いた2つのベクトルのベクトル積の定義を思い出す．

$$(A \times B)^i = \epsilon^{ijk} A_j B_k \tag{2.26}$$

ϵ^{ijk} は Levi-Civita因子であり，i, j, k が $1, 2, 3$ の偶置換 ($1, 2, 3$ か $2, 3, 1$ か $3, 1, 2$) ならば $+1$，2つ以上の添字が重複する場合は 0，それ以外なら -1 である．この因子を利用すると，Maxwell方程式を次のように書ける．

$$\epsilon^{ijk} \partial_j B_k - \partial_0 E^i = 4\pi J^i \tag{2.27}$$

$$\partial_i E^i = 4\pi J^0 \tag{2.28}$$

$$\epsilon^{ijk} \partial_j E_k + \partial_0 B^i = 0 \tag{2.29}$$

$$\partial_i B^i = 0 \tag{2.30}$$

空間添字に関しては，上付きにしても下付きにしても，違いがないことを思い出してもらいたい．∂_i という記号は $\partial/\partial x^i$ を意味し，∂_0 は $\partial/\partial t$ を意味する．電荷密度を J^0 と書き直したことに注意されたい．これは4元ベクトル $J^\mu = (\rho, J^1, J^2, J^3)$ の構築を意図した措置である．

次に，"場のテンソル" $F_{\mu\nu}$ を定義する．

---

[2] 理論物理では，$c = \epsilon_0 = \mu_0 = 1$ とする自然単位系を選ぶことが慣行となっている．

$$F_{\mu\nu} = \begin{pmatrix} 0 & -E_1 & -E_2 & -E_3 \\ E_1 & 0 & B_3 & -B_2 \\ E_2 & -B_3 & 0 & B_1 \\ E_3 & B_2 & -B_1 & 0 \end{pmatrix} \tag{2.31}$$

そして同時に，これに対応する上付き添字を持つテンソルも $F^{\mu\nu} \equiv \eta^{\mu\rho}\eta^{\nu\sigma}F_{\rho\sigma}$ によって定義される．これらは反対称テンソルである $(F_{\mu\nu} = -F_{\nu\mu})$. このテンソルの各要素を，それぞれ電場や磁場の成分に同定することができる．たとえば $F^{0i} = E^i$, $F^{ij} = \epsilon^{ijk}B_k$ である (これらを確認することは読者にとってよい練習になる)．この記法によれば，Maxwell方程式の最初の2本は，次のように書き直される．

$$\partial_j F^{ij} + \partial_0 F^{i0} = 4\pi J^i \tag{2.32}$$
$$\partial_i F^{0i} = 4\pi J^0 \tag{2.33}$$

更に簡単に，

$$\partial_\mu F^{\nu\mu} = 4\pi J^\nu \tag{2.34}$$

と書いてもよい．ここで時空における Levi-Civita 因子 $\epsilon^{\mu\nu\rho\sigma}$ を導入しよう．この因子は，μ, ν, ρ, σ が $0, 1, 2, 3$ の偶置換ならば $+1$，同じ値の添字が2つ以上あればゼロ，それ以外の場合は -1 と定義される．そうすると，Maxwell方程式の後半の2本は，次のように書き直される．

$$\epsilon^{\sigma\mu\nu\lambda}\partial_\mu F_{\nu\lambda} = 0 \tag{2.35}$$

これを確認するには，たとえば $\sigma = 0$ と置くと，Levi-Civita 因子がゼロ以外になるには μ, ν, λ が空間添字でなければならない．よって上式は $\epsilon^{ijk}\partial_i F_{jk} = \epsilon^{ijk}\partial_i \epsilon_{jkm}B^m$ と書き直され，恒等式 $\epsilon^{ijk}\epsilon_{jkm} = 2\delta^i_m$ を用いると $\partial_i B^i = 0$ が得られる．同様の式の導出を，σ の他の3つの値についても行える．Levi-Civita 因子が Lorentz 変換の下で ($\Lambda_\mu{}^{\mu'}$ の行列式から与えられる全体の符号の違いだけを除き) 不変であることは注目に値する．

ここで一息いれて，ここまでで何が起こったかを考えてみよう．我々は Maxwell 方程式を，時空の記法によって書き直した．得られた式は完全にベクトルとテンソルによって表された．このことは，これらの式に現れる諸量が Lorentz 変換の下でどのように変換するか，我々には分かっており，式の形があらゆる慣性系から見て同じになることを意味する．Maxwell の理論の Lorentz 不変性は，初めは明らかではなかったけれども，それは我々が，式を Lorentz 不変性が明白に見える形では書いていなかっ

2.3. Maxwell理論

ただけのことである．我々は今，これを実現した．このことは何を意味するだろうか？ あなたに電場 E^i と磁場 B^i が与えられ，それらを動いている座標系へと変換するように問われることを想像してみよう．我々は物理的に，それらが不変ではないことを知っている．例として，静止している電荷を考えよう．それは電場を持ち，磁場を持たない．ここで我々が，その電荷が動いて見える座標系に移るならば，磁場と電場を両方とも検知することになる．それらを通常の3次元ベクトルの記法で計算することは直接的ではない．しかしながら時空の記法では，それは簡単である．場のテンソル $F^{\mu\nu}$ を書いて，それに対して Lorentz 変換を施す (それぞれの添字について，その他の添字が存在しないかのように見立てて変換を行えばよいことを思い出してもらいたい)．すなわち $F^{\mu'\nu'} = \Lambda^{\mu'}{}_\mu \Lambda^{\nu'}{}_\nu F^{\mu\nu}$ を計算すれば，新たな座標系における場が得られる．予想されるように，変換によって E^i と B^i は混合される．ここにおいて我々は，時空の記法が果実をもたらし始める様子を見て取ることができる．そしてこのことは，本章の初めにおいて言及した Einstein の精神を反映している．

Maxwell理論の考察を締めくくるにあたり，ポテンシャルの記法を導入しておくのがよい考えである．電磁気学において，静電ポテンシャル ϕ とベクトルポテンシャル $\vec{A}$ があり，電磁場が次式のように与えられることを我々は知っている．

$$\vec{E} = -\vec{\nabla}\phi - \frac{\partial \vec{A}}{\partial t} \tag{2.36}$$

$$\vec{B} = \vec{\nabla} \times \vec{A} \tag{2.37}$$

これらの式を時空の記法によって書き直すために，まず時空におけるベクトルポテンシャルを導入することから始める．

$$A^\mu = (\phi, \vec{A}) \tag{2.38}$$

これを用いて，電磁場は次のように与えられる．

$$F_{\mu\nu} = \partial_\mu A_\nu - \partial_\nu A_\mu \tag{2.39}$$

これらの式の単純さと覚え易さに注目してもらいたい．今や，あなたは動いている座標系へのポテンシャルの変換を素早く行うことができる．たとえば，ひとつの電荷が静止している状況では $\vec{A} = 0$ と選ぶことができるが，その電荷が動いているような座標系に移るならば，Maxwell方程式によって混合された A_μ の成分として，ゼロではない $\vec{A}$ が存在する．式(2.39)のように電磁場がポテンシャルから導かれるものと仮定すると，Maxwell方程式の中の斉次式の組(2.35)は自動的に満たされる．$F_{\mu\nu}$ の A_μ による定義では，$A_\mu \to A_\mu + \partial_\mu \lambda$ というポテンシャルの変更 (λ は時空座標の任意関数) の下で $F_{\mu\nu}$ が変更されないことに注意してもらいたい．このような変換はゲージ変換として知られており，Maxwell方程式を不変に保つ．

関連文献について

本章で扱った題材は，特殊相対性理論，テンソル記法，電磁気学を扱うために必要とされる最低限のものである．Carroll (2003) による本とオンライン・ノートは，同様の題材を扱っており，より深い学習に利用できる．Rindler (1977) にも，よい入門的記述が見られる．

問 題

1. 棒と物置 (pole in the barn) の逆理．棒高跳びの選手が，棒を進行方向に向けて，非常に速く走りながら物置に突入してゆく．物置の奥行きは棒の長さよりも短い．しかし Lorentz 変換によれば，動いている物体は収縮するので，物置の入り口付近にいる人は，棒が物置よりも短くなっていて，選手が物置に入ったら物置の扉を閉めることができると主張する．物置の奥行きよりも長い棒が，物置の中に収納できるように見える．これは可能か？ 時空ダイヤグラムを用いて状況を整理してみよ．

2. $\sum_\mu D^{\mu\mu}$ と $\sum_\mu D_{\mu\mu}$ は Lorentz 変換の下で不変ではないが，$\sum_\mu D^\mu{}_\mu$ は不変であることを示せ．

3. ブースト変換 (2.11) が，実際に，不変距離 (2.8) を不変に保つことを示せ．

4. $\epsilon^{\sigma\alpha\beta\gamma}\partial_\gamma F_{\alpha\beta}=0$ が，Maxwell 方程式の半分と等価であることを示せ．

5. 無限の長さの荷電線による電場を考え，それを線に沿った方向に等速推進（ブースト）させる Lorentz 変換を施すことによって，電流による磁場を求めよ．それは通常の結果と一致するか？

6. Maxwell 方程式の斉次の部分 (2.35) は，場のテンソルがベクトルポテンシャルと式 (2.39) のように関係づけられている場合には，自動的に満たされることを示せ．

7. Lorentz 力の法則 $\vec{F}=q\vec{E}+q\vec{v}\times\vec{B}$ を，共変な形で書け．

第 3 章　一般相対性理論入門

3.1　緒言

　物理学における Newton の主要な貢献のひとつは，重力を記述する簡明な法則を確立したことであった．重力は自然界において最も普遍的な力であって，あらゆる物理的な対象が重力を感受する．Newton の重力理論によれば，2 つの質点の間にはたらく重力は，それぞれの質量に比例し，両者の間の距離の自乗に反比例することになるが，この法則は太陽系の天体の運行や，投射物や，日常的な物体の運動の説明に成功を収めた．しかしながら，Newton の理論は特殊相対性理論と両立しないので，重力の最終的な描像であり得ないことは明らかである．Newton 理論によれば 2 つの質点の間の力は瞬時に働き，力の伝播のための遅延は生じない．たとえば，2 つの質点のうちの一方の質量を増やせば，もう一方の質点が感受する重力は，それがどれだけ遠く隔たっていても，即座に強まることになる．

　重力には，他の種類の力とは峻別される第一義的な特徴がもうひとつある．Newton 力学の第 2 法則に現れる加速される物体の慣性質量は，Newton の重力の法則に現れる重力源としての重力質量と同じである．このことの帰結として，同じ重力場にさらされた如何なる物体も，同じ加速度を与えられる．これは "等価原理" (equivalence principle) と呼ばれることもある．このようなことは電磁場には当てはまらない．同じ電磁場の下でも，異なる電荷量を持つ物体は一般に異なる加速度を与えられる．この事実により，重力場の効果を (少なくとも局所的には) 加速度を持つ座標系によって模倣することが可能となる．これが "Einstein のエレベーター" の思考実験の原点である．小さなエレベーターの中に人がいるとしよう．そのエレベーターが地球の重力場の中で自由落下していても，宇宙空間の中に浮いていても，エレベーターの中で行える局所的な実験から，その違いを見出すことはできない．同様に，地上で静止しているエレベーターと，宇宙空間において $9.8\,\mathrm{m/s}$ で加速されているエレベーターも，その内部で行える局所的な実験だけから区別することはできない．局所性が要請される理由は，もしエレベーターが巨大であれば，宇宙空間において加速度を持つエレベーターの中の 2 つの物体は平行に運動するが (物体同士の間の引力は無視する)，地上におけるエレベーターの中の 2 つの物体は，それぞれが地球の重心に向けて運動して互

いに徐々に近づくからである．これらすべてのことを勘案して結論されるのは，もし我々が加速度を持つ座標系を議論に含めるならば，それは事実上，重力を議論に含めることになる，ということである．慣性質量と重力質量が等しいことは，ねじ秤(はかり)を使用して，地球や太陽や銀河系の中心からの重力の影響を異なる試験質量について調べることによって，高精度 (10^{-13}) で検証されている (Schlamminger *et al.* (2008))．

加速度を持つ座標系が曲った幾何学に関係するという事実は，Ehrenfest(エーレンフェスト)が考案した思考実験からも推測される．動いていない回転木馬にあなたが乗っていて，定規を使ってその直径と円周 (外周) を測ることを想像してもらいたい．あなたは両者が比例関係にあり，比例定数が π であることを見出すであろう．次に，回転木馬が動き始めて加速し，光速に近い速さに達したとしよう．あなたが円周を測ろうとすると，定規がLorentz収縮をするために，回転木馬が止まっているときよりも長い円周の値を得るであろう．しかし同じ状況下で直径を測るときには，定規を運動方向と直交する向きで用いるので，定規の収縮効果はない．あなたの結論としては，π の値が変わったということになる．この明白な逆理に対してKaluza(カルーツァ)は，円周と直径の比が π だという関係は，平坦な空間だけにおけるものだと説明した．観測者が加速している座標系に移ると，少なくともこのような意味において，空間は曲っているように見えるのである．時計を用いて，時空が曲がることを示唆するような類似の思考実験を構築することもできる．残念ながら，後から見るように，これらの議論は単純にすぎる．ただ単に座標系を変更するだけで，平坦な空間を曲げることはできない．曲った時空を扱うために必要となる主要な数学的課題は，座標に依存した概念から，真の曲率をどのように認識するかということにある．この問題は3.3節で扱う予定である．Ehrenfestの回転木馬は，回転座標系に付随する解釈の難しい別の微妙な問題もいくつか含んでおり，それらに関連するよい概説はWikipediaの記述に見られる．

要約すると，一般相対論は曲った時空を扱う理論であり，座標系の任意の変更の下で物理を不変に保つような理論である．それは重力の理論でもあるが，重力は力として表現されるのではなく，時空の歪みとして表される．このことは基本的な相互作用の中でも特別な特徴である．重力以外の相互作用は，背景となる時空の中に存在する力として記述されるからである．第1章でも述べたように，本書では一般相対性理論を詳しく紹介することは行わず，基礎事項のいくつかを導入するにとどめる．

3.2 一般座標系とベクトル

今，述べたように，一般相対性理論は重力の理論であるが，重力を力として記述するのではなく，時空の歪みとして記述する．この理論を扱うために，曲った幾何の扱

3.2. 一般座標系とベクトル

い方を少々学ぶ必要がある．最初に確認すべきことは，曲った時空における計量は，Minkowski 計量 $\eta_{\mu\nu}$ ではなくなることである．一般に，曲った時空における極めて近い2点間の距離は，次式に従って与えられる．

$$ds^2 = g_{\mu\nu}\, dx^\mu dx^\nu \tag{3.1}$$

$g_{\mu\nu}$ は対称行列であり，座標に依存する．たとえば地球の近辺では，この距離の自乗は近似的に次のようになっている．

$$ds^2 = -\bigl(1+2\Phi(\vec{x})\bigr)dt^2 + \bigl(1-2\Phi(\vec{x})\bigr)(dx^2+dy^2+dz^2) \tag{3.2}$$

$\Phi(\vec{x})$ は，計量を評価する点における Newton ポテンシャルである．$c=1$ とする単位系で，地球の表面における地球からの重力ポテンシャルは約 10^{-10} にすぎず，我々の日常においては時空の歪みを無視してよい．しかしながら，この平坦性からの微々たる逸脱は，$9.8\,\mathrm{m/s^2}$ で落ちてくるすべての物体に影響を及ぼしているのである！

曲った幾何を扱う際に即座に直面する難しさは，デカルト座標の概念 (一般的に言えば，特別に好ましい性質を備えた座標系) が存在しないという点にある．実際，そこには直線という概念がない．よって"曲線座標"(curvilinear coordinates) と呼ばれる座標系を用いることを強いられる．しかしながら，このことから更に難しさが加わる．まず最初に，時空が平坦なのかどうかを言うことが困難になる．例として，次のような計量を考えよう．

$$ds^2 = -dt^2 + dr^2 + r^2(d\theta^2 + \sin^2\theta\, d\varphi^2) \tag{3.3}$$

我々は皆，これを (dt^2 については少々措くとして) 単に通常の球面座標における距離の式と見なすであろう．その時空は実際，平坦である．しかし計量は $\eta_{\mu\nu}$ ではなく，空間座標に依存する．さらに悪いことに，計量がゼロになってしまう点 ($\theta=0,\pi$) さえ存在する！　そこで，曲った幾何によって提示される最初の挑戦課題は，次のように言い表される．幾何が平坦か曲っているかを，どのようにして知ればよいのだろうか？　平坦な計量においては，計量が $\eta_{\mu\nu}$ となるような座標系を必ず見出すことができる．したがって，ある座標系と計量が与えられたときに，そこから座標系の変更によって計量を $\eta_{\mu\nu}$ にすることができたならば，その空間幾何は平坦であると言える．しかしそのような作業は一般に，途方もなく大変な仕事になる！　座標変換を具体的に構築するためには，連立偏微分方程式を解かねばならないが，一般には，その解き方が分からない．つまり座標系 x^μ とその計量 $g_{\mu\nu}$ が与えられたとき，計量 $\eta_{\mu'\nu'}$ を持つような座標系 $x^{\mu'}$ を見出すためには，

$$g_{\mu\nu}\, dx^\mu dx^\nu = \eta_{\mu'\nu'}\, dx^{\mu'} dx^{\nu'} \tag{3.4}$$

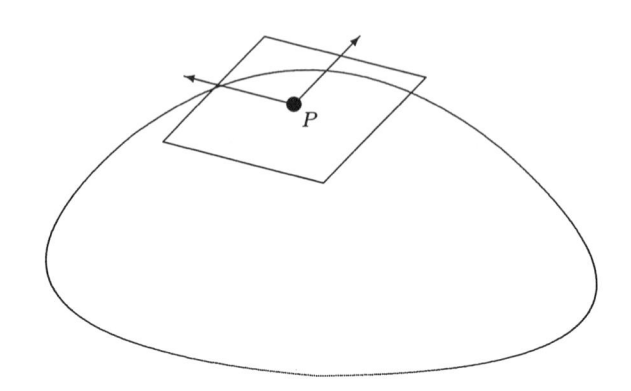

図3.1 点 P 近傍において，曲った時空はベクトル空間のように見なされる．

と置いて，$x^{\mu'}$ を x^μ の関数として解かねばならない．得られる式は非線形で，一般に定数ではない一連の係数を含んでしまうので，これを実行するのは非常に困難である (歴史的には '等価性問題' [equivalence problem] と呼ばれ，Gauss(ガウス) をはじめとする多くの有名な数学者が取り組んだ)．要点は，幾何が平坦か曲がっているかを知るために，もっと都合のよい仕組みが必要だということである．

　曲った時空において，曲線座標の使用を強いられることから，さらに複雑な問題が加わる．ベクトル解析を，どのように行えばよいのだろう？　まず，ベクトルの定義を再考する必要がある．曲った時空は，あらゆる時空点において，局所的にはベクトル空間のように見なし得る．この描像は図3.1によって示される．よって，空間内のすべての点それぞれにおいて，ベクトル空間が与えられる．そこでは通常のベクトル空間と同様に，ベクトルを各座標軸方向の成分によって構成し，ベクトル同士を加算したり，ベクトル間のスカラー積を取ったり，ベクトルにスカラーを乗じたりすることができる．しかし注意しなければならないのは，空間内の異なる点におけるベクトルは，別々のベクトル空間に属しているので，それらを混合できないということである．通常のベクトル空間では，我々はベクトル同士を足し合わせるめに，一方のベクトルを"ずらす(平行移動させる)"ことなどの措置に慣れているが，これは平坦な空間でのみ可能なことである．曲った空間では，もっと注意深い取扱いが必要になる．ベクトルの導関数について，ひとつの問題が即座に現れる．導関数の概念は，近接する点の間で，別種の量を比較するという概念を含んでいる．しかしながら，異なる点におけるベクトルは混合できないことを，今，述べたばかりである．これは現実的な

3.2. 一般座標系とベクトル

含意を持つ．デカルト座標を導入した平坦な時空では，ベクトルを，速度だけに依存する行列 Λ を用いて，$A^{\mu'} = \Lambda^{\mu'}{}_\mu A^\mu$ のように変換できた．曲線座標系の下では，元の座標と新たな座標の関係は一般に非線形で複雑な関数によって $x^{\mu'} = x^{\mu'}(x^\mu)$ と与えられる．しかしながら，座標の微分の変換則は線形である．

$$dx^{\mu'} = \Lambda^{\mu'}{}_\mu \, dx^\mu, \quad \text{with} \quad \Lambda^{\mu'}{}_\mu = \frac{\partial x^{\mu'}}{\partial x^\mu} \tag{3.5}$$

何故なら，既に論じたように，点の近傍だけでベクトルを考えることができたわけであるから，座標自体の差よりも座標の微分のほうが，むしろ(その局所性から)ベクトルとして扱いやすい．したがって曲線座標におけるベクトルを，座標の微分の組のように変換する数の組として定義しておく．下付き添字を持つベクトルは，変換行列の逆行列によって変換する．

$$A_{\mu'} = \Lambda_{\mu'}{}^\mu A_\mu \quad \text{with} \quad \Lambda_{\mu'}{}^\mu = \frac{\partial x^\mu}{\partial x^{\mu'}} \tag{3.6}$$

ベクトルの導関数をどのように得るかという問題に戻ろう．単に上の式において座標に関する微分を取り，一時的に Λ 行列が座標に依存しないものと見なすと，次のようになる．

$$\partial_\nu A_{\mu'} = \partial_\nu (\Lambda_{\mu'}{}^\mu A_\mu) = \Lambda_{\mu'}{}^\mu \, \partial_\nu A_\mu \tag{3.7}$$

この式は，新たな座標系 x' における量が，元の座標系 x による微分と組み合わされていて都合が悪い．これを修正するには，デカルト座標では $x^{\mu'} = \Lambda^{\mu'}{}_\mu x^\mu$ により $dx^{\mu'} = \Lambda^{\mu'}{}_\mu dx^\mu$ であることに注意する．すなわち，

$$\frac{\partial x^\mu}{\partial x^{\mu'}} = \Lambda_{\mu'}{}^\mu \tag{3.8}$$

である．これを連鎖律(3.7)に適用すると，次式が得られる．

$$\partial_{\nu'} A_{\mu'} = \Lambda_{\nu'}{}^\nu \Lambda_{\mu'}{}^\mu \, \partial_\nu A_\mu \tag{3.9}$$

これはつまり，ベクトルの導関数が，テンソルとして変換するという式である．この関係の導出に決定的に重要となったのは，変換行列 Λ が座標に依存しないことを仮定して，式(3.7)の最後の式において，Λ の導関数の項を考えなかったことである．これはデカルト座標では正しいけれども，曲線座標を扱う場合には成立しない．座標の変換を与える行列は，一般に座標に依存する局所的なものになる．ベクトルの偏導関数はテンソルにはならない．変換則の下で，ゼロにならない非斉次項が現れ，それは座標に依存する．座標変換に関して素性のよい導関数を得ることは，物理理論を構築するために決定的に重要なので，この状況は修正されなければならない．

これを修正する方法は，新しいタイプの導関数である"共変導関数"(covariant derivative)の導入である．共変導関数は，通常の導関数と比べて，対象とするベクトルに比例する項(そうでなければ線形性を持たせることができない)が付け加わっているという違いがある．この共変導関数を定義する"共変微分"の演算子は，∇_μと記される[§]．

$$\nabla_\mu A^\nu = \partial_\mu A^\nu + \Gamma^\nu_{\mu\lambda} A^\lambda \tag{3.10}$$

3つの添字を持つ$\Gamma^\lambda_{\mu\nu}$は何だろう？ これは"接続"(connection)と呼ばれる．時空における近傍の点を，導関数の計算のために"接続する"ことを可能にするからである．

この接続を，どこから得ればよいのか？ 接続は，曲った時空が用意される際に，計量と併せて用意されなければならない付加要素である．計量だけを用意されても，ベクトル解析を行うことはできず，追加の要素として接続が必要である．但し，接続が下付き添字に関して対称であり($\Gamma^\lambda_{\mu\nu} = \Gamma^\lambda_{\nu\mu}$)，計量の共変微分がゼロになること($\nabla_\sigma g_{\mu\nu} = 0$)を要請するならば，接続は計量から完全に一意的な形で与えられることが判明している[1]．接続の決め方には選択の余地があり，一般には計量から一意的に決まるわけではないことに注意されたい．しかしながら，一般相対性理論において便利な幾何学は，上述の要請を満たすものであることが明らかになっている．これはRiemann幾何学(リーマン)と呼ばれる．自然界の重力は，たまたまこのような方法で振舞っているけれども，これと違うような状況を仮想することもできる．かなり以前に，人々は重力を電磁気学と統一するために，より一般的な幾何学を開拓しようと試みたが，そのような努力は結局，成功を導かないことが判明した(Goenner (2004))．

Riemann幾何学において，計量から接続を与える式は，次式である．

$$\Gamma^\lambda_{\mu\nu} = \frac{1}{2} g^{\lambda\rho} \left(\partial_\mu g_{\rho\nu} + \partial_\nu g_{\rho\mu} - \partial_\rho g_{\mu\nu} \right) \tag{3.11}$$

もし読者が，この式を見て釈然としないならば，$\nabla_\sigma g_{\mu\nu} = 0$の式を具体的に書き下し，添字を巡回させ，和の計算を行ってみればよい．この公式はChristoffel(クリストッフェル)の式と呼ばれる('Christoffel因子'とも呼ばれる)．この式によれば，Minkowski計量を持つデカルト座標を扱う場合に，接続係数が自動的にゼロになることに注意してもらい

[§](訳註) 式(3.10)の左辺の表記$\nabla_\mu A^\nu$だけを見ると，ともするとA^νの各成分A^0, A^1, A^2, A^3それぞれに個別に演算子∇_μが作用するようにも見えてしまうが，式(3.10)の右辺を見ると分かるように，∇_μはベクトル$A^\nu = (A^0, A^1, A^2, A^3)$全体に作用する演算子であって，別の成分からの寄与も混ざり合う．ここが「共変」微分と称していることの，もうひとつの含意と見ることもできる．(もちろん第1義的な'共変'の意味は，演算子としての変換不変性を指すわけだが．)
[1]専門的な言い回しとして，接続の対称性は"捩れがない"(torsion free)，計量の共変微分がゼロになることは，接続が"計量両立性を持つ"(metric-compatible)と表現される．

たい．しかしながら平坦な空間においても，たとえば球面座標を採用すれば，非自明な接続係数が現れる．このような余分の項は，読者が過去に受けた講義，たとえば電磁気学の講義などにおいて，曲線座標における勾配や回転や発散を学んだ際に，既に遭遇している余分の項に関係している．接続はテンソルではないことに注意されたい．これはある座標系では消えてしまい，別の座標系ではゼロにはならないということがあり得る．これには意味がある．我々は，ベクトルの導関数がテンソルでないという問題に直面して，テンソルになるべきものは何かという観点から，導関数の定義を少々変更することを余儀なくされた．この変更のために加えた部分自体は，単独ではテンソルでないわけである．

3.3 曲率

我々は未だ，空間の曲率 (curvature) に関する満足な定義を得ていない．もし接続係数が恒等的にどこでもゼロであれば，その計量は平坦である．しかし，それ以外の場合に，我々には空間の曲り方が分からない．曲率は，局所的な概念ではない．局所的には (1 点において) 計量が Minkowski 計量を持ち，接続係数がゼロになるように座標系を選ぶことが常に可能である．これは操作的には，地上付近にある Einstein エレベーターに自由落下をさせることに対応する．すなわち，このときエレベーターの中の局所空間では，重力の効果を検知することができない．この性質に基づき，我々は物事が Minkowski 時空にあるかのような局所的座標系を設定することができる．では，空間が曲っていることは，どのように知ることができるのだろうか？ その答えは必然的に非局所的な観点を入れたものになる．あなたは自分がいる空間の中を「動きまわる」必要がある (あるいは，無限小の計算において，少なくとも 2 階の導関数までを含める必要がある)．あなた自身が，地球が平坦であるか否かを確認しようとすることを考えてみよう．あなたは真っ直ぐな棒を水平に保持していて，棒の向きを変えずに，すなわち棒が直前のそれ自身と平行を保ち続けるようにしながら移動してゆく (地表面の正接方向に移動する．我々は地表面を 2 次元空間と見なして，その曲率を確認しようとしている．あなたの身長の高さは無視できるものと考える．そうでなければ，この測定は，関心の対象となる 2 次元空間の外部で行うことになってしまう)．図 3.2 に示すように，あなたは北極点を出発し，棒を進行方向に向けて，赤道に向かって移動してゆく．あなたが赤道上の地点 a に到達したとき，あなたの棒は南を指している．そこからあなたは，棒の向きをそのままに保持しながら赤道をたどって，赤道上の別の地点 b に行って，そこから経線を北へたどって北極点に向かう．北極点に戻ったとき，あなたは自分の持っている棒の向きが，北極を出発したときの向きと

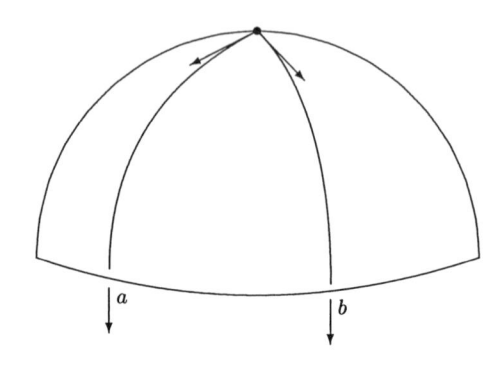

図3.2 地表が曲っているかどうかは，真っ直ぐな棒を水平に持って，その棒自身の平行を保持したまま地上に設定した閉路をたどるように運び，一巡したときに同じ向きを指している状態が再現されるかを見ることによって決定できる．ここでは北極点を出発して，赤道上の点 a に到達してから，赤道上の別の点 b へ移動し，そこから北極に戻って，向きが同じかどうかを調べる．閉路が囲む面積を大きく設定するほど，向きのずれが大きくなる．

異なることを見出すことになる．その角度のずれは，あなたが地表でたどる閉路が囲む面積が大きいほど顕著になる (たとえば，もし同じ経線をたどって南下し北上するだけで北極点に戻るならば，径路が囲む面積はゼロであり，棒の向きのずれは生じない)．このような曲率の概念は，日常的な用法におけるそれとは少々異なっている．円を考え，仮にその円 (円周上) の世界に1次元の生物が住んでいるとしてみよう．彼らは上述の方法で，自分の住む世界が平坦か曲っているかを調べるために，棒を持って円を周回した結果，世界は平坦であると結論することになる．すなわち棒は，出発時にも周回後も，同じ向きを指す．円筒の2次元世界を考えても，同様の結果が得られる．そうすると我々は，曲率の概念において何かを省いているのだろうか？ 答えはイエスである．ここで導入した曲率の概念は，空間の内部からの評価に限定した結果に立脚している．これは"内部曲率"(intrinsic curvature) と呼ばれる．円の世界に住んでいる生物にとって，その1次元世界の内部における測定から，世界が平坦でないと知ることができるような手段は理論的に存在し得ない．曲率には，もうひとつの別の概念もあって，それは空間を，より高次元の空間と，対象とする空間の外部にいる高次元空間内の観測者 (たとえば円の世界の生物を外から見る我々のような存在) に関係づけるような観点に基づくものである．そのような概念は"外部曲率"と呼ばれる．この概念については，本章の後の方で再び取り上げる．

内部曲率に議論を戻すと，我々は先ほど述べた非局所的な曲率の概念を，微分計算において有用なものへと翻訳する必要がある．ひとつの可能性として，無限小のルー

3.3. 曲率

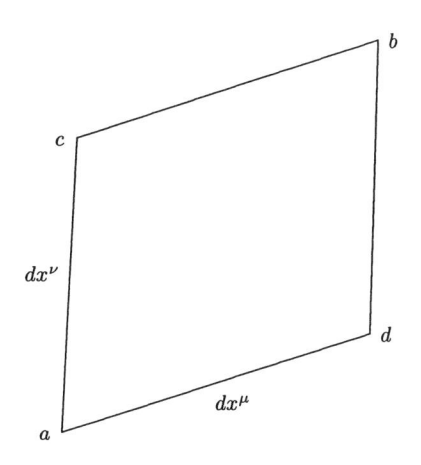

図3.3 曲った空間において，無限小の閉路を考える．

プに沿った移動の考察があり得る．ベクトル(棒)の向きのずれも，極めて小さいものになる．無限に小さいループを図3.3に示すように設定するならば，aからbへの移動として，cを介した移動と，dを介した移動が考えられる．この例では，まずdx^μをたどり，それからdx^νをたどる場合と，その順序を逆にした場合ということになる．ここで，aからbへの変位を扱うために，2つの微分(x^μ方向に1回と，x^ν方向に1回の微分)の考察に導かれる．aからbへの2通りの径路において，微分の順序は互いに逆になっている．したがって，我々が考察したい式の形は$(\nabla_\mu \nabla_\nu - \nabla_\nu \nabla_\mu)V^\lambda$といったものになる．ベクトル$V^\lambda$のように，添字を少なくともひとつ持つような対象を含めざるを得ないことに注意してもらいたい．スカラーに対する共変微分は単なる偏微分であり，それらは可換だからである(少なくとも接続が対称であるという我々の仮定の下では)．ここで，ベクトルの向きの変化が，そのベクトル自体に比例すべきことは明らかである．そして，式の形から見て取れるように，このベクトルに比例係数を掛けたものは，3つの添字μ, ν, λを持つ対象を生成する．このことは，比例係数因子が4個の添字を持たなければならないことを意味する．そのような対象はRiemannテンソル，もしくは曲率テンソルと呼ばれる．

$$(\nabla_\mu \nabla_\nu - \nabla_\nu \nabla_\mu)V^\lambda = R^\lambda{}_{\rho\mu\nu}V^\rho \tag{3.12}$$

添字を4個も持つ量は少々威圧的に見えるが，この文脈の中ではむしろ自然なものである．我々は結果としてベクトル(添字1個の量)を生成する必要があるが，その結果は無限小の面がどちらを向いているか(添字2個)ということと，我々が最初に着目するベクトル(添字1個)に依存する．曲率テンソルがゼロであれば，微分同士は可

換である．無限小の閉路を集めて有限の大きさの閉路を構築することが可能なので，(少なくとも非自明な位相的特徴が含まれない限り) 曲率テンソルがすべての点においてゼロならば，その空間は平坦であることが保証される．したがって我々は，曖昧さのない方法で，曲率の概念を特徴づけることに成功したことになる．如何に奇妙な座標系を採用していても，それは問題にはならない．ある座標系で曲率テンソルがゼロになるならば，それはあらゆる座標系においてゼロになるので，曲率の有無の定義は常に正しく成立する．一般に接続係数はゼロではなく，共変微分は複雑なものになるけれども，そのような事情にはかかわらず空間が平坦でさえあれば，曲率テンソルはゼロになる．もし読者が望むならば，接続係数を用いて曲率テンソルを与える具体的な式を導くことが，読者自身においてできるはずである[§]．それは共変微分の式を書き出して，少々計算をするだけのことに過ぎない．本書ではこの式を使わないので，その導出は省略する．

この段階で，テンソルに対する有用な操作も導入しておくのが好都合である．もし，あるテンソルが同じ添字を上付き添字と下付き添字の対として持つならば，それらを一緒に変えて和を取り，添字が2つ少ないテンソルを得ることができる (このような例を問題2.2において見る)．そのような操作は"縮約" (contraction) と呼ばれ，行列における対角和(トレース)の概念の一般化にあたる．行列を，上付き添字と下付き添字をひとつずつ持つテンソルと見立てるならば，その場合に同じ添字に関する和とは，対角要素の和，すなわち対角和(トレース)にほかならない．2つとも上付き，もしくは2つとも下付きの同じ添字の対(つい)について縮約を取りたいならば，そのうち一方の添字を，前に論じたように，まず計量を用いて下げるか，もしくは上げなければならない．テンソルが多くの添字を持つ場合，いく通りかの"対角和(トレース)" (簡約量) を導入しておくと便利である．Riemannテンソルに関係する量として，よく用いられるのは，Ricci(リッチ)テンソルと，曲率スカラーである．

Ricciテンソル： $R_{\mu\nu} \equiv R^{\lambda}{}_{\mu\lambda\nu}$ (3.13)

曲率スカラー： $R = R_{\mu\nu}g^{\mu\nu}$ (3.14)

3.4 Einstein方程式と，その解の実例

ここまではすべて数式的な構築に関する話題であった．Einstein方程式は，自然界において生じる幾何を決定する物理的な方程式である．この式は，Ricciテンソルの

[§](訳註) $R^{\lambda}{}_{\rho\mu\nu} = \partial_{\mu}\Gamma^{\lambda}_{\rho\nu} - \partial_{\nu}\Gamma^{\lambda}_{\rho\mu} + \Gamma^{\lambda}_{\alpha\mu}\Gamma^{\alpha}_{\rho\nu} - \Gamma^{\lambda}_{\alpha\nu}\Gamma^{\alpha}_{\rho\mu}$. 大雑把に言えば，計量 (添字2個)を元にして，接続 (添字3個) がその1階微分の情報を抽出しているのに対して (式(3.11)参照)，曲率 (添字4個) は2階微分までの情報を引き出している．

3.4. Einstein方程式と，その解の実例

成分と曲率スカラーの線形結合が，物質のエネルギーと応力によって決まることを表している．

$$R_{\mu\nu} - \frac{1}{2}g_{\mu\nu}R = 8\pi G T_{\mu\nu} \qquad \text{[Einstein方程式]} \qquad (3.15)$$

$T_{\mu\nu}$ は物質場から構築されるテンソルであり，応力-エネルギーテンソル，もしくはエネルギー-運動量テンソルとして知られる．G は Newton 定数である．この方程式は，その精神において，Newton ポテンシャルを決める式 $\nabla^2 \phi = 4\pi G \rho$ に類似している．ϕ は重力ポテンシャル，ρ は物質の密度である．Newton の式の左辺において ϕ の2階微分があることに相応して，Einstein 方程式の左辺には計量の2階の導関数にあたる量があり，計量が重力ポテンシャルの役割を演じる．しかしながら重要な違いもある．Newton の方程式には，"空間的な"2階の導関数だけが含まれる．このことは，右辺の時間変化が，瞬時に全空間に伝播して左辺を決めるということを意味する．したがって Newton の重力理論は，明らかに特殊相対性理論に抵触している．Einstein 方程式は空間微分と時間微分を両方とも含んでおり，これは物質の性質の変化が，瞬時に計量全体へ伝播するわけではないことを意味する．この式は，如何なるものも遅延なく瞬時に伝播することはないという特殊相対性理論の精神を尊重したものになっている．

ここで，Einstein 方程式の解の興味深い例を2つ見ておくことにしよう．真空における方程式 ($T_{\mu\nu} = 0$ の場合) の解として，平坦な空間は，もちろん自明なひとつの解である．しかしながら真空において，他の解も存在する．重要な解として知られるのは，真空における球対称な"一般解"であり，Schwarzschild(シュワルツシルト)解として知られる．

$$ds^2 = -\left(1 - \frac{2GM}{c^2 r}\right)dt^2 + \left(1 - \frac{2GM}{c^2 r}\right)^{-1} dr^2 + r^2(d\theta^2 + \sin^2\theta\, d\varphi^2) \qquad (3.16)$$

この解は，Newton 理論におけるポテンシャル $\Phi = GM/r$ と類似の役割を演じる．このポテンシャルが $\nabla^2 \Phi = 0$ の解であることとちょうど同じように，Schwarzschild 解も真空における解である．この解は1916年に Karl Schwarzschild によって見いだされたが，その時，彼は第一次世界大戦においてロシア前線に在り，しかも重篤な病魔に侵されていた (数ヵ月後に死去)．したがって，彼による解の発見は，とりわけ高く称賛されるべきものである (Einstein は自身の方程式を閉じた形で解くことは著しく困難であろうと考え，むしろ近似解法に頼ろうとしていたので，Schwarzschild の結果を知って驚いた)．その時空解に対する適切な解釈は，長い年月を経た後に，Kruskal(クルスカル) (1960) と Szekeres(スゼッケレ) (1960) によってようやく見いだされた．注目すべき事実は，20世紀の物理学における最高の知性たち，Einstein や Weyl(ワイル) や Eddington(エディントン) 等々が，この解に当惑し，その本当の意味を知らずに世を去ったことである．彼らが困惑した理由

は，彼らが座標系に依存する効果と真の物理的な効果を混同したからである．他の人々の思い違いについて，ここで意に介する必要はないので (多くの素人物理学者たちが，今日もそれらを引き継いでいる!)，我々は現代における計量に対する理解について述べることにする．この解が表現している時空の性質すべてについて詳細に論じることは，本書の想定範囲外であるが，いくつかの要点を指摘してみよう．

r が M に対して ($c=G=1$ と置く単位系で) はるかに大きい領域においては，時空は近似的に平坦であり，見た目に特別な特徴はない．しかしながら $r=2M$ に近づくと，状況は劇的に変わる．まず，計量が特異性を持つその点において (それは真の特異性でないことが判明するのであるが)，$r=2M$ において正則となるような座標系を見出すことが可能であり，これが Kruskal と Szekeres が実際に行ったことである．注意深い考察によれば，$r=2M$ の表面は時間的(タイムライク)な面ではなく，零(ヌル)である．つまり $r=2M$ にある物体は，それが $r=2M$ のままであり続けるにもかかわらず，光速で移動しているのである! このことからの帰結は，$r=2M$ よりも $r=0$ の近くにまで侵入している如何なる物体も，それが光速を超える速さで動けない限り，その外部へ再び脱出することはできない，というものである．つまり時空において"捕獲領域"(trapped region) と呼ばれる領域が存在する．これは通常，"ブラックホール"(black hole) と呼ばれている．

$r=2M$ の表面は"事象の地平"(event horizon) と呼ばれる．$r=2M$ の内部の領域に入ると，dt^2 と dr^2 の係数の符号がそれぞれ変わる．これは r が"時間"のように振舞うことを意味している．$r=2M$ の外部では，t が増加すると，物体は「不可避的に未来へ向かう」けれども，$r=2M$ の内部では，物体は「不可避的に $r=0$ へと向かう」ことになる．これは点ではなく，実際にはブラックホールの内部の全ての点の未来が存在している空間的(スペースライク)な表面である．これがすなわち，一旦ブラックホールに落ち込んだ物体が，不可避的にその中心 $r=0$ に到達するということの含意である．その点は，座標系の変更によって取り除くことのできない真性の特異点である．この特異点に近づくと，曲率テンソルから構築することが可能なゼロでないスカラーはすべて発散する．この領域に近づく物体は，重力的な潮汐力によって引き裂かれる．現実の宇宙におけるブラックホールは，恒星がその核燃料を燃やし尽くした後に，重力による自己収縮効果に対抗する輻射圧力を保てなくなって形成されるものと推測されている．核燃料が無くなると，圧力を保つことができなくなり，その星の表面は崩壊を始めて縮んでゆく．最終的に $r=2M$ 面を過ぎ，恒星が含んでいた物質はすべて，ブラックホールに捕獲される．

もうひとつの興味深い解は Friedmann-Robertson-Walker (フリードマン・ロバートソン・ウォーカー) (FRW) 宇宙解である．

$$ds^2 = -dt^2 + a(t)^2(dx^2+dy^2+dz^2) \tag{3.17}$$

3.4. Einstein方程式と,その解の実例

$a(t)$ は Einstein 方程式から,物質項に依存して決まる.この解は一様で(計量が x, y, z の値に依存しない)等方的な(3方向が同等に扱われる)空間を持つ時空を表している.現在の我々の宇宙は,大きな尺度で見れば一様な状態に極めて近いものと信じられている.これは Copernicus（コペルニクス）の原理と呼ばれる.すなわち宇宙において我々がいる場所は,特別なところではなく,すべての別々の点は,同じ宇宙時間において同じように見えるものと考えられる.我々の場所から見て,この宇宙は大きな尺度では近似的に著しく等方的に見える.たとえば宇宙のマイクロ波背景放射は $2.72°$ K の温度を持ち,それは 10^6 分の1の精度で等方的である.したがって,式 (3.17) で設定されている計量は,我々の現在の宇宙を近似的によく表現していると言える.ここでは空間距離が時間に依存することを許容してある.これは真空の方程式の解ではなく(a がゼロの場合を除く.この場合には平坦な時空が表現される),$a(t)$ の形により,様々な状態の物質と結合している方程式の解を与える.たとえば $T_{\mu\nu}$ が $T_{00} = \rho(t)$ の成分だけを持つならば,それは密度 ρ で静止している粒子の気体の存在を表す.これは現在の我々の宇宙に対する悪くない近似である.気体粒子が運動している場合には,$T_{\mu\nu}$ において別のゼロでない要素が現れ,それは速度に比例する.しかし $c=1$ の単位系の下では,粒子(たとえば宇宙に散在する銀河)の速度は極めて小さな数になり,この場合には $a(t) = t^{2/3}$ になる.この解は $t=0$ において問題があるように見える.そこは実際,座標系の変更によって除くことのできない特異点になる.ここでも特異点に近づくにしたがって曲率は発散する.これが現代の宇宙論の大多数において,宇宙の始まりとして予言されているビッグバンである.我々は後から,ループ量子重力を宇宙論に適用すると,この特異点が解消されることを見る予定であるが,それでも古典的な一般相対性理論がビッグバンを予言する点の付近には,時空の曲率が大きくなる領域が存在する.曲率が大きいことは,そこに存在する如何なる物質も高温になっていることを意味する.その時代に物質が発した放射が,今日において見られる宇宙背景放射の起源である.現在観測される宇宙背景放射の温度が低いのは,それが発せられた時点から現在までの間に宇宙が拡がって,放射が冷えたからである.

あと2点ほど FRW 解に関連して述べておく.第1に,ここで紹介したのは"平坦な"宇宙モデルとして知られるものである.空間が一様であることは,宇宙空間が平坦であることを必ずしも意味しない.たとえば球面は一様でありながら曲っている.双曲面は一様な'空間'のもうひとつの例である.式 (3.17) における計量を,一様でありながら曲った空間を持たせるように変更することは容易であるが,本書でそれを扱う必要はない.第2の注意点としては,宇宙論の文脈において,異なる種類の"物質"が考慮されることがあり,これは"宇宙定数"(cosmological constant) と呼ばれる.そのような物質は,Λ を定数として,$T_{\mu\nu} = -\Lambda g_{\mu\nu}/(8\pi G)$ と表される.この

ような物質項の起源は，歴史的な偶然によるものであった．Einstein が彼の方程式を最初に一様等方な場合について解こうとした際，我々も既に見たように，宇宙が膨張もしくは収縮することに即座に気付いた．しかし 1917 年当時において，宇宙は静的なものであると広く信じられていた．Einstein は方程式の左辺に $R_{\mu\nu} - g_{\mu\nu}R/2$ の代わりに $R_{\mu\nu} - g_{\mu\nu}R/2 + \Lambda g_{\mu\nu}$ を用いれば，矛盾なく静的宇宙の解が許容されることに着目した．その後，銀河系外の渦状星雲の観測から宇宙が膨張していることが知られるようになると，Einstein は宇宙定数の導入を，自身の"生涯最大の失敗"と称した (Gamow (1970))．現代の宇宙論では，遠方の超新星の観測から，宇宙定数がゼロでないことが示されている．他方において，場の量子論の真空状態におけるエネルギー-運動量テンソルは，正確に宇宙定数の形を持っており，一部の人々はこれが宇宙定数の起源であると信じた．しかし残念ながら，素朴な計算によれば，場の量子論によって予言される宇宙定数の値は，120 桁も大きすぎることが示された．重力の量子論は，この問題に新たな光を当てるのではないかと期待されている．いくつかの提案がなされているが，理論家たちの間で広く同意を得ているような考え方は，現在のところ存在しない (別の観点について Bianchi and Rovelli (2010) を参照されたい)．

3.5 微分同相写像

この段階において，"多様体" (manifold) の概念を導入しておくのがよい．多様体は位相的(トポロジカル)な集合 (要素の近傍を定義でき，その極限を取ることができるような集合)で，R^n への写像が可能なもの，すなわちそこに含まれる要素を選ぶための座標を設定できるような集合のことである．たとえば，椅子の集合は多様体ではない．そこには近傍 (neighborhood) の概念が含まれないからである．テーブルの表面は多様体である．しかし釘(くぎ)が突き出ているようなテーブルの表面は多様体ではない (テーブルの表面は R^2 へ写像でき，釘は R へ写像できるが，釘がテーブル表面に刺さっている点の近傍は R^n へ写像できない)．一般相対性理論の方程式は一般座標変換の下で不変である．座標変換を扱う方法は 2 通りある．第 1 の方法は，物理学において大抵はこのように扱われるものであるが，多様体上の点をすべて固定しておき，R^n への写像を変更するという方法である．これは"座標の変更"である．しかしながら，もうひとつの別の見方も可能である．すなわち写像 R^n の方を固定して，多様体上の点全体を動かすことを考える．この「点を巡らせる」方法は，"微分同相写像" (diffeomorphism)と呼ばれる種類の数学的な写像である．微分同相写像は 1 対 1 の写像であり，多様体上の点 p が与えられると，それを新たな点 $\phi(p)$ へ移すが，それは位相的な"近接性" (proximity) の概念を尊重する形で行われる．したがって，写像を施す前に，点

3.5. 微分同相写像

p において微分を取ることが可能であれば,微分同相写像を施した後も,それに対応する点における微分が可能となる.座標変換に対する後者の観点は"能動的な観点"(active view) と呼ばれ,物理学の多くの分野において採用されることが多い前者の観点は"受動的な観点"(passive view) と呼ばれる.能動的な観点は,一般相対性理論のような重力を扱う理論の文脈において,より自然な記述を与える.一般相対性理論は,多様体上に存在する計量の理論である.そのような多様体上には,計量を導入する前に,特に好ましい特別な点というものは存在しない.多様体上のそれぞれの点が,他の点と同等の地位を与えられている.したがって,理論から導かれる結論に影響を与えずに「点を巡らせる」ことが可能でなければならない.要するにこれが,幾何的な重力理論は必ず微分同相写像の下で不変であるべきことの理由である (あるいは好みにより,一般座標変換の下で不変と言い換えてもよい).この不変性は,多様体上で,ある点と別の点を区別できるような背景構造はないという理論の性質を反映しているにすぎない.これは物理学の他の分野で通常は利用されないタイプの不変性なので,概念的に少々馴染みにくい.

微分同相写像は,多様体上の点を動かすだけでなく,それらに付随するすべてのものを動かす.このことをよりよく理解するためには,まず,集合の間の"写像"の一般的な概念と,写像が対象を動かす方法を論じるのがよい.2つの異なる集合 M と N があって,M における各点を N における各点に対応させる写像 ϕ があるとしよう.M と N は,原理的には同じ次元を持たなくてもよいけれども,ここでは議論を簡単にするために,両者が同じ次元を持つと仮定する.よって p が M におけるひとつの点ならば,$q = \phi(p)$ は N におけるひとつの点である.我々はこの操作を,M 上の点 p を N の中へ「押し出す」(push forward) と言うことにする.今,N の中の各点を実数に対応させる関数 f があると仮定する.そのような関数は一義的には,M においてどのように作用するか分からない.しかしながら,写像 ϕ をここに用いれば,その関数が M の中でどのように作用するかを決めることができる.ここで新しい関数 $\phi^*[f]$ を $\phi^*[f](p) \equiv f(\phi(p)) = f(q)$ と定義するならば,その関数は M において作用する関数になる.このように写像を利用することを,関数 f を N から M へ「引き戻す」(pull back) と言う.

ベクトルやテンソルについては如何であろうか? これらも押し出したり引き戻したりできるだろうか? ベクトルは関数に作用する演算子と考えられる.それはどういうことか? ベクトル V^μ が与えられると,関数 f の,そのベクトル方向の導関数を $V^\mu \partial_\mu f$ と定義することができ,それもまたひとつの関数である.このベクトルは,N において作用する演算子と見なされる.他方,M に着目して,M から N への写像 ϕ によるベクトルの押し出し $(\phi V)^\mu$ を考えたいならば,これを $V^\mu \partial_\mu(\phi^*[f])$ によっ

て定義することができる．すなわち，このベクトルは，N から M へ引き戻した関数に対して作用する．

議論が少々抽象的である．そのようなベクトルの成分を見出すことはできるだろうか？それは可能である．上述の議論に従い，次式を考える．

$$(\phi V)^\mu \partial_\mu f = V^\mu \partial_\mu (\phi^*[f]) = V^\mu \partial_\mu (f \circ \phi) \tag{3.18}$$

これを具体的に計算するために，座標を導入する必要がある．M における座標を x^μ，N における座標を y^μ と呼ぶことにする．上の恒等式の最後の式は，次のように書かれる．

$$V^\mu \frac{\partial (f \circ \phi)}{\partial x^\mu} = V^\mu \frac{\partial y^\nu}{\partial x^\mu} \frac{\partial f}{\partial y^\nu} \tag{3.19}$$

上式では，導関数の計算が含まれるので，写像が滑らかであることを仮定する必要がある．また，x と y の間を行ったり戻ったりするために，可逆であると仮定する．このような写像は微分同相写像と呼ばれる．抽象的な話が突然，具体的になった．ベクトルに対する微分同相写像の効果は，ベクトルの成分に行列 $\partial y^\nu / \partial x^\mu$ を掛けることである．これは座標変換の行列である！よって，もし2つの多様体が同じであると仮定するならば，微分同相写像の実効的な効果は，多様体における座標変換と同じということになるが，これは我々が最初から予想していたことである．

上述の議論において明確に認識しておくべきことは，一般の写像において，押し出しと引き戻しが必ず逆の操作として対応するわけではないということである．写像が可逆でないかぎり，それは成立しない．写像が可逆であれば，上の記述を，写像を逆転させて N と M を入れ換え，すべての量に関して押し出しと引き戻しを定義し直すことができる．微分同相写像は可逆な写像なので，微分同相写像を通じて如何なる対象も押し出したり引き戻したりできる．

最後に考察しておく必要があるのは，微分同相写像の1パラメーター族 ϕ_t の概念についてである．これは，$t=0$ のときには恒等写像で，t が大きくなるほど写像によって点が「遠くへ動かされる」ような写像の集団のことである．ある点 p を指定しておいて，その点を連続的な微分同相写像の族 $\phi_t(p)$ によって移すと，写像先の多様体上に1本の曲線が形成される．そのような曲線の正接ベクトルを $V^\mu = dx^\mu/dt$ によって計算することができる．

微分同相写像の概念を利用して，ベクトルやテンソルに対する新たな導関数を定義することができる．それは，余分な構造を導入する必要なしに，ベクトルやテンソルの性質を持つことになる．これは Lie 導関数 (Lie derivative : Lie 微分) と呼ばれる．1パラメーターによる微分同相写像の族が指定されると，テンソル T の，上述のベ

クトル V^μ に沿った Lie 導関数が，次のように与えられる．

$$\mathcal{L}_V T(p) = \lim_{t \to 0} \frac{\phi_t^*\bigl(T(\phi_t(p))\bigr) - T(p)}{t} \tag{3.20}$$

つまり我々は点 p を微分同相写像によって，正接ベクトルが V^μ であるような曲線に沿って移し，その新たな点におけるテンソルを評価し，それを p に引き戻した．そして，そこから $T(p)$ を差し引いてあるのは，その点において同じ種類のテンソルの加減だけが許されるからである．この操作の結果として得られる量が，初めに着目したテンソル T と同じ階数のものであること (T はベクトルでもよい) は自明である．

任意の階数を持つテンソルに対する，任意のベクトル V^μ に沿った Lie 導関数の具体的な導出は行わない．原理的には，上述の議論を少々一般化することによって，これを実行できる．ここでは単に公式を引用しておき，詳細については Carroll (2003) の本に譲ることにする．

$$\begin{aligned}
& \mathcal{L}_V T^{\mu_1 \mu_2 \cdots \mu_k}{}_{\nu_1 \nu_2 \cdots \nu_m} \\
&= V^\sigma \partial_\sigma T^{\mu_1 \mu_2 \cdots \mu_k}{}_{\nu_1 \nu_2 \cdots \nu_m} \\
&\quad - (\partial_\lambda V^{\mu_1}) T^{\lambda \mu_2 \cdots \mu_k}{}_{\nu_1 \nu_2 \cdots \nu_m} - (\partial_\lambda V^{\mu_2}) T^{\mu_1 \lambda \cdots \mu_k}{}_{\nu_1 \nu_2 \cdots \nu_m} - \cdots \\
&\quad + (\partial_{\nu_1} V^\lambda) T^{\mu_1 \mu_2 \cdots \mu_k}{}_{\lambda \nu_2 \cdots \nu_m} + (\partial_{\nu_2} V^\lambda) T^{\mu_1 \mu_2 \cdots \mu_k}{}_{\nu_1 \lambda \cdots \nu_m} + \cdots \tag{3.21}
\end{aligned}$$

Lie 導関数は，対称性を論じる際に有用となることが後から分かる．対称性とは通常，微分同相写像を施したときに何かが不変を保つことを意味するからである．たとえば，推進操作の下で不変な時空は，ある直線に正接する特別なベクトル場に沿った Lie 導関数がゼロとなるような計量によって与えられる (一般相対論においても直線に言及することは異端的ではない．ここではそういう直線が存在するような特別な時空の 族 ^(ファミリー) について語っているのだ！)．ある軸のまわり回転不変性も，同様にして考えることができる．この場合は，ある円に正接するベクトルに関する Lie 導関数がゼロとなるような計量が必要とされる．

接続を導入することなしに Lie 導関数が得られるならば，我々は何故，共変導関数を定義するために頭を悩ませたのか，疑問に思う読者もいるかもしれない．しかし共変導関数は，曲率の概念を座標系に依存しない方法で規定するために決定的に重要であった．Lie 導関数だけを利用しても，そのような概念の抽出は行えない．

3.6　3+1 分解

我々は後から，ハミルトニアンによる一般相対性理論の定式化を論じることになる．通常の力学に関するハミルトニアン形式 (正準形式) を思い出すならば，それは時刻

t における共役な変数の組 q と p を用いて与えられた．通常の力学系ではなく場を扱う際には，位置の関数 $\phi(x)$ と，それと共役な運動量 $\pi_\phi(x)$ が，やはり同じ時刻における共役な変数として与えられた．一般相対性理論では，これまでにも論じてきたように，空間と時間が同等に扱われる．これはハミルトニアン形式において採用される流儀ではない．したがって，一般相対性理論をハミルトニアン形式で論じるためには，空間と時間の同等性を破らなければならない．一部の人々は，このことをハミルトニアン形式の重大な欠点と考えている．理論における変数に対して人為的な区別を設けることになるからである．現実の事態は更に悪い．ここまで強調してこなかったけれども，一般相対性理論における時空は，任意の計量を持つだけではなく，任意の位相構造(トポロジー)も持つことになる．ハミルトニアン形式において，物事が発展する時間的(タイムライク)な向きをひとつ選ぶと，そのトポロジーは自然に $\Sigma \times R$ という形になる．Σ は3次元多様体(任意のトポロジーを持つ)であり，R は実線であって，この構造は時間発展の下で変更されない．このことは初期値の問題を適正に扱うために決定的に重要ではあるけれども，一部の人々は制約が強すぎると考えている．ハミルトニアン形式は，我々が変数に恣意的な区別を導入しても，結局はその影響を補償する枠組みになっているという意味において「洗練された」方法であり，時間的(タイムライク)な方向の選び方を変えても，最終的な結果に影響が及ぶことはない．しかしながら，トポロジーに対する制約は残る．この問題は，後の章まで措いておかなければならない．

ここでは時空が $\Sigma \times R$ のトポロジーを持つと仮定する．そして，ベクトル t^μ によって特徴づけられる時間的(タイムライク)な向きが存在し，そのベクトルの軌跡[2]は t によってパラメーター付けされる曲線であり，$t = $ [一定値] の"面"が"断面空間"(spatial slice) Σ である．そして，Σ に直交するベクトル場 n^μ を導入する．Σ における正定値の空間計量 q_{ab} を，次のように定義できる．

$$q_{ab} \equiv g_{ab} + n_a n_b \tag{3.22}$$

上式において，添字 a, b は1から3までの値を取る．本来，Σ に導入する座標系には任意性があるが，4次元時空座標の中の1, 2, 3を Σ の座標系にもそのまま利用することによって，議論が容易になる．このようにしないならば，3次元面と4次元時空の間に写像を設定して，適切に引き戻しを行ったりして微分同相写像を論じるための枠組み(フレームワーク)を組み上げる煩雑な作業が生じる．我々はベクトル t^μ を，Σ に対して垂直な成分と正接する成分とに分解して $t^a = N n^a + N^a$ と置くことにする．この措置は巧妙である．というのは t^a の添字は本当は0から3までの値を取り，n^a の添字もそうで

---

[2] ベクトルの軌跡(orbit)とは，その正接が関心の対象となるベクトルになるような曲線のことである．

3.6. 3+1分解

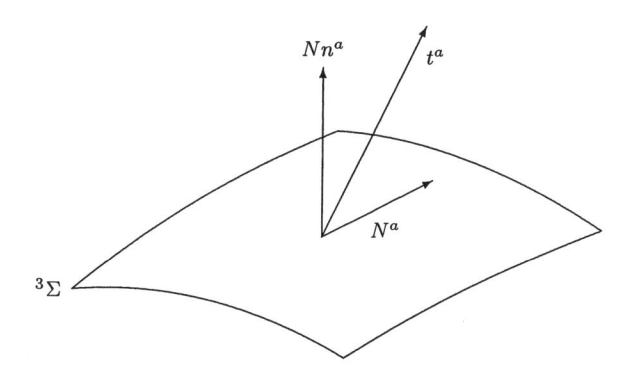

図3.4 時空の3+1分解に含まれるベクトル.

あるが，N^a の添字は違うからである．この式の第ゼロ成分を評価する場合には，第1項だけが寄与を持つ．N は"経時ベクトル"(lapse vector)，N^a は"変位ベクトル"(shift vector) と呼ばれる．これらをそれぞれ，Σ の中の世界におけるスカラーおよびベクトルに見立てることができる．以上を踏まえて，4次元計量(による不変距離の自乗)が次のように書かれる．

$$ds^2 = (-N^2 + N_a N^a)dt^2 + 2N_a dt dx^a + q_{ab}dx^a dx^b \tag{3.23}$$

前に言及した"外部曲率"(extrinsic curvature) の概念を，次式によって定義できる[§]．

$$K_{ab} = \frac{1}{2}\mathcal{L}_n q_{ab} \tag{3.24}$$

これは，計量の"時間微分"と密接に関係する．

$$\dot{q}_{ab} \equiv \mathcal{L}_t q_{ab} = 2NK_{ab} + \mathcal{L}_{\vec{N}}q_{ab} \tag{3.25}$$

これらは，ハミルトニアン形式の重力理論を構築するために用いる変数になる．力学的な変位変数にあたるものは3次元計量 q_{ab} になると考えられ，これと共役な運動量は外部曲率 K_{ab} に関係づけられる．通常の運動量変数が変位変数の時間微分に関係するのと同様に，そこでの運動量は計量の時間微分に関係する．これらの変数は時間の経過の下で発展し，我々が経時と変位によって時空の計量を構築することを助ける．我々が $\Sigma \times R$ の座標系を選ぶことによって計量の中の4成分を自由に選べるという事情を反映して，経時と変位は最終的に任意関数になる．

[§](訳註) $\mathcal{L}$ は，前節で導入されているLie微分を表す．$\mathcal{L}_n$ は n^μ 方向のLie微分である．

3.7　3脚場 (トライアド)

　ループ量子重力を扱う際には，ここまでに導入したものとは少々異なる重力の記述を用いることになる．ハミルトニアンの描像を用いる場合，前節でも述べたように計量の空間部分に関心が持たれるので，時空の代わりに3次元空間を考え，互いに直交する3つのベクトル場の組 E_i^a ($i=1,2,3$) を導入する．空間計量が，次のように書けるものとする．

$$q^{ab} = E_i^a E_j^b \delta^{ij} \tag{3.26}$$

上式の右辺では，我々は座標系 i, j において平坦な空間を持ち，左辺では座標 a, b を用いた曲った空間を持つことになる．したがって E_i^a が，計量を構築するために必要なすべての情報を含んでいることを見て取れる．このような量を "3脚場" (triad) と呼ぶ．我々はここで，2種類の異なる添字を持つことになる．曲った空間における通常のベクトル添字のように振舞う "空間添字" (space index) a, b, c と，"内部添字" (internal index) i, j, k である．どちらの添字も1から3までの値を取る．しかしながら，下付きの内部添字を上へ持ちあげるには，平坦な計量 δ^{ij} を適用しなければならない．この添字の組も，通常の添字と同様に "縮約" を取ることができる．

　内部添字を持つような対象に操作を加えたいならば，適切な微分の手続きを導入する必要がある．内部添字をひとつだけ持つ対象 G^i を考える．共変導関数を定義した経験 (式(3.10)) を踏まえて，これに関する導関数を次のように定義する．

$$D_a G^i = \partial_a G^i + \Gamma_a{}^i{}_j G^j \tag{3.27}$$

共変導関数の場合と同様に，"スピン接続‡" $\Gamma_a{}^i{}_j$ は，外部から特定しなければならない．スカラー (たとえば $G^i G_i$) の導関数が通常の偏導関数になるようにするには，

$$D_a G_i = \partial_a G_i - \Gamma_a{}^j{}_i G_j \tag{3.28}$$

でなければならず，2種類の添字を持つ対象の導関数も得る必要があるならば，次のように両方の接続を用いる必要がある．

$$D_a E_i^b = \partial_a E_i^b - \Gamma_a{}^j{}_i E_j^b + \Gamma_{ac}^b E_i^c \tag{3.29}$$

もし3脚場の導関数がゼロになる ($D_a E_i^b = 0$) という便利な性質を要請するのであれば，スピン接続は，共変導関数とともに導入した接続によって完全に決定される．

---

‡ (訳註) 一般に，局所直交座標系の添字を持つようなベクトルやテンソルに対する '微分' を定義する際に付加される接続項の係数を 'スピン接続' (spin connection) と称する．3脚場 E_i^a は，曲がった a-b-c 空間の中に導入される直交基 $\mathbf{E}_1, \mathbf{E}_2, \mathbf{E}_3$ を表しているので，座標の引数は明記されていないけれども，当然，局所的なものである．

3.7. 3脚場(トライアド)

このように定義した微分は,空間計量に作用させてもゼロになる.この時点において,具体的な式の形は重要ではない.

ここで導入した微分 D_a に関係する曲率を,共変微分の場合と似た方法で定義できる(式(3.12)参照).

$$(D_a D_b - D_b D_a) G^i = \Omega_{abj}{}^i G^j \tag{3.30}$$

$\Omega_{abj}{}^i$ を,スピン接続の曲率と呼ぶ.これを Riemann テンソルと関係づけることができるが,本書では具体的な式を使うわけではないので,煩雑さを避けるために,その導出を省く.

最後にもうひとつ,曲った時空に関して触れておかなければならないことがある.それは,曲った多様体の上で積分をどのように行うかという方法に関係する.まず,平坦な空間における体積積分を,デカルト座標系の下で計算することを考えよう.積分は次のように与えられる.

$$V = \iiint dx\,dy\,dz \tag{3.31}$$

つまり体積は単純に,関心の対象となる領域の座標の微分要素 dx, dy, dz の積分によって与えられる.ここから曲線座標系に移行する場合には,新たな座標系の,デカルト座標に関する導関数の Jacobian(ヤコビアン)を含める必要が生じる.たとえば球面座標では,次のようになる.

$$V = \iiint r^2 \sin(\theta)\,dr\,d\theta\,d\varphi \tag{3.32}$$

体積は,座標の微分要素の単純な積分によって与えられるわけではない.一般には,次のように表される.

$$V = \iiint \sqrt{\det(q)}\,d^3x \tag{3.33}$$

すなわち体積は,計量の行列式の平方根と,座標の微分要素の積を積分したものとして与えられる.時空内の体積に関心があるのであれば,4次元積分を,時空計量に負号を付けたものの平方根を用いて実行しなければならない.この負号は平方根を実数にするために必要される.計量の行列式の平方根が現れるのは,座標の微分要素と掛け合わせたものが,座標変換の下で不変を保つような量をつくるために,これが必要とされるからである.

より一般的に,スカラーを,ある体積内で積分したい場合,そのスカラーに計量の行列式の平方根を掛けて積分を行う必要がある.ここで"スカラー密度"と呼ばれる新たな対象を導入することに意義がある.これはスカラーと計量の行列式の平方根の

積のように変換する量である．この量は，それに関連する量の上にチルダ記号を付けて表されることがある．つまり，あるスカラー関数 f があるとすると，

$$\tilde{f} = \sqrt{\det(q)}\, f \tag{3.34}$$

と書かれる．このような対象を n 個，掛け合わせた量を考える場合には，それを "加重度" (density of weight) $+n$ を持つ量と称する[§]．つまりそのような量は，スカラーと，計量の行列式の平方根の n 乗の積のように変換する．加重度を表すために，複数のチルダ記号を重ねて書く場合があるが，これは印字的な限界がある方法である．加重度は正にも負にもなり得ることに注意してもらいたい．たとえば第7章では，加重度 -1 の経時関数を見ることになるが，これは $\underset{\sim}{N}$ と表記される．

スカラー密度の重要な例は，Dirac のデルタ関数である．これは明らかに，そのまま座標積分を施してよい対象だからである．しかしながら慣行上の理由から，その密度の性質はチルダ記号によって明示されない．複数の添字を持つ対象 (ベクトルやテンソル) に関しても，密度にあたる量を考えることができる．それらは，関係する対象と計量の行列式の平方根の積のように変換する．このような量の重要な例が Levi-Civita 因子である．これは加重度 $+1$ の 4 階テンソルとして変換する．もちろん，テンソル密度を積分することはできない (得られる結果はテンソルではない)．しかしながらテンソル密度について，たとえば一連の 4 元ベクトルとの間で縮約を取れば，スカラー密度が得られ，それは積分可能な対象となる．

ループ量子重力では，後から説明する理由により，加重度 $+1$ の 3 脚場(トライアド)を利用することになる．

$$\tilde{E}^a_i = \sqrt{\det(q)}\, E^a_i \tag{3.35}$$

そして，簡単に，

$$\tilde{\tilde{q}}^{ab} = \det(q)\, q^{ab} = \tilde{E}^a_i \tilde{E}^b_j \delta^{ij} \tag{3.36}$$

と書けば，計量と，その行列式による因子の積を復活させることができる．$\tilde{E}^a_i$ と E^a_i が，単に表現を変更しただけで，互いに同じ情報を含んでいることは明白である．

[§] (訳註) 'density of weight' の訳語として，本稿では '加重度' を採用しておくが，この訳語から '重さ' を連想すると具合が悪い．'重' は '重ねる' という意味で捉えてもらいたい．式 (3.33) を見れば分かるように，これは，そのとき採用している座標系から見た体積因子の重複度という意味合いである．

関連文献について

前章と同様に，本章で扱った内容も，残りの章を読み進むために最低限必要とされるものにすぎない．一般相対性理論の初等的な側面については，Carroll (2003) によるオンライン・ノートと書籍によって補足することができる．3+1 分解に関する読みやすい記述としては，Brown (2011) の解説，Kiefer (2006) の本，もしくは Romano (1993) の論文があるが，これは3脚場(トライアド)に関するよい参考文献でもある．ADM の読みやすい原論文も最近再版された (Arnowitt, Deser, and Misner (2008))．緒言で言及したように，学部学生向けの一般相対性理論の教科書としては Hartle (2003) と Schutz (2009) が優れているが，これら書籍における取扱いは，本章で採用した方法とは異なっている．

問題

1. 共変微分が線形演算子であり，Leibniz則(ライプニッツ)を満たすことを示せ．
2. ベクトル V^μ の共変導関数が，式 (3.10) に従って定義され，添字が下付きのベクトルの共変導関数が，
$$\nabla_\mu V_\nu = \partial_\mu V_\nu + \bar{\Gamma}^\lambda_{\mu\nu} V_\lambda \tag{3.37}$$
によって与えられると仮定する．スカラー量 $V_\mu V^\mu$ の導関数を単なる偏導関数に帰着させるためには，$\bar{\Gamma}^\lambda_{\mu\nu} = -\Gamma^\lambda_{\mu\nu}$ とすればよいことを示せ．したがって，下付き添字を持つベクトルの共変導関数は，次式で与えられる．
$$\nabla_\mu V_\nu = \partial_\mu V_\nu - \Gamma^\lambda_{\mu\nu} V_\lambda \tag{3.38}$$
3. 上付き添字が k 個，下付き添字が l 個のテンソルの共変導関数の一般的な式は，次のように与えられる．
$$\nabla_\lambda T^{\mu_1\cdots\mu_k}_{\nu_1\cdots\nu_l} = \partial_\lambda T^{\mu_1\cdots\mu_k}_{\nu_1\cdots\nu_l} + \Gamma^{\mu_1}_{\lambda\sigma} T^{\sigma\cdots\mu_k}_{\nu_1\cdots\nu_l} + \ldots + \Gamma^{\mu_1}_{\lambda\sigma} T^{\mu_1\cdots\sigma}_{\nu_1\cdots\nu_l}$$
$$- \Gamma^\sigma_{\lambda\nu_1} T^{\mu_1\cdots\mu_k}_{\sigma\cdots\nu_l} - \cdots - \Gamma^\sigma_{\lambda\nu_l} T^{\mu_1\cdots\mu_k}_{\nu_1\cdots\sigma} \tag{3.39}$$
接続が Christoffel 接続であれば，計量の共変導関数がゼロになることを示せ．
4. もし接続が対称で，計量の共変導関数がゼロであるならば，接続が Christoffel の式で与えられることを，本文中で提案した方法を用いて示せ．
5. Lie 微分が線形演算子で，Leibniz 則を満たすことを示せ．
6. $a(t) = t^{2/3}$ の塵に満たされた FRW モデルの $\rho(t)$ を計算せよ．
7. 3次元空間超面に直交する法線ベクトルを単位ベクトルに設定する条件 $n_\mu n^\mu = -1$ と，それが変位(シフト)ベクトルに垂直であるという条件から，計量の $\ldots tt$ 成分が $-N^2 + N_\mu N^\mu$ になることを示せ．
8. $T_{\mu\nu}$ がゼロだが，宇宙定数がゼロでないとするならば，$a(t)$ の形はどのようになるか？

第 4 章　拘束条件と正準形式による場の力学

4.1　力学の正準形式

ひと組の変数 q_i と，それらの時間の導関数 $\dot{q}_i$ の関数としてラグランジアンが与えられている物理系を考える．単純な力学系では，ラグランジアンは運動エネルギーとポテンシャルエネルギーの差として与えられる．しかしながら我々は，ラグランジアン形式の枠組みを，場や，その他の系にも応用する予定なので，より一般的な考察から始める必要がある．注目すべき点は，一旦，ラグランジアンが得られれば，その後の技法は，あらゆる系に関してほとんど正確に同じものになるということである．ラグランジアンが時間にあらわに依存するような系は，本章では考察の対象から外すことにする．そのような系は，基礎的な相互作用を論じる際に必要になることがあまりないからである．つまりラグランジアンが $L(q_i(t), \dot{q}_i(t))$ という形を持つことにする．ラグランジアンに"Legendre変換"(ルジャンドル)を施してハミルトニアンを得るために，"正準運動量"(canonical momentum) を，次のように定義する．

$$p_i(t) \equiv \frac{\partial L}{\partial \dot{q}_i} \tag{4.1}$$

この関係は，可逆なものと仮定される．つまり $\dot{q}_i$ を，q_i と p_i の関数と見ることもできる．そして，ハミルトニアンを $H(q_i, p_i) \equiv \sum_{i=1}^{N} p_i \dot{q}_i - L$ と定義する．ハミルトニアンは q_i と p_i だけを用いて書かなければならないが，そのためには，上述の関係を利用してすべての $\dot{q}_i$ を消去する．すべての対 p_i, q_i によって張られる空間を"相空間"(phase space) と呼ぶ．これに対して，すべての q_i だけによって張られる空間を"配位空間"(configuration space) と呼ぶ．

系の力学は，Hamilton(ハミルトン)の運動方程式によって表される．

$$\dot{q}_i = \frac{\partial H}{\partial p_i} \tag{4.2}$$

$$\dot{p}_i = -\frac{\partial H}{\partial q_i} \tag{4.3}$$

例として，ひとつの調和振動子を考えるならば，その角振動数を ω として，ラグランジアンは $L = m\dot{x}^2/2 - m\omega^2 x^2/2$ と与えられる．$p = m\dot{x}$ であり，Legendre変

換は $H = p\dot{x} - L$ なので，ハミルトニアンは $H = p^2/(2m) + m\omega^2 x^2/2$ と与えられる．Hamilton の運動方程式は $\dot{x} = p/m$, $\dot{p} = -m\omega^2 x$ となり，ここから即座に $\ddot{x} + \omega^2 x = 0$ が得られる．

有用な概念として Poisson 括弧がある．これは相空間における 2 つの関数 $f(p_i, q_i)$, $g(p_i, q_i)$ の間に施される操作であり，次式で定義される．

$$\{f, g\} \equiv \sum_{i=1}^{N} \left(\frac{\partial f}{\partial q_i} \frac{\partial g}{\partial p_i} - \frac{\partial f}{\partial p_i} \frac{\partial g}{\partial q_i} \right) \tag{4.4}$$

Poisson 括弧を用いると，

$$\{q_i, p_j\} = \delta_{ij} \tag{4.5}$$

であり，Hamilton の運動方程式は次のように表される．

$$\dot{q}_i = \{q_i, H\} \tag{4.6}$$
$$\dot{p}_i = \{p_i, H\} \tag{4.7}$$

これらの運動方程式の解は，初期条件 $q_i(0)$, $p_i(0)$ を設定すると，相空間において，パラメーターを t とする $q_i(t)$, $p_i(t)$ による一本の"流れ"(曲線) を描く．

4.2 拘束条件

拘束条件のある系へと話題を転じよう．物理学において，系を，本当に必要とされる変数よりも多い数の変数の組を用いて記述することは，よくあることである．たとえば時計の振子の自由度は 1 であり，それは垂直方向を基準とした角度の変数によって表される．しかしながらこれを，振子の運動面に設けた x, y 座標によって記述することもできる．この場合，拘束条件として $x^2 + y^2 = l^2$ が設定される．l は振り子の長さである．冗長な変数の組を用いることには，いろいろ異なった動機があり得る．ある種の場合には，本当の自由度がどうなっているかを前もって知らずに理論を構築する必要が生じる．真の自由度は後から判明することが期待されるわけである．ひとつの例は電磁気学である．真空中の電磁場は 2 個の自由度を持っている (電磁波の 2 種類の偏極状態 [偏光状態] に対応する)．しかしながら通常，我々は 4 成分を持つベクトルポテンシャル A_μ を用いたり，6 個の成分を持つ場のテンソル $F_{\mu\nu}$ を用いたり (電場と磁場を用いることも，これと等価である) する．一般相対性理論でも自由度は 2 個であるが，その記述に 10 個の成分を持つ計量を用いたり，16 個の成分を持つ 4 脚場 (tetrad) を用いたりする．このように，冗長な変数の組を持つという状況は，ごくありふれたものである．

4.2. 拘束条件

理論を，真に必要とされる数よりも多い変数によって記述するのであれば，使用する変数の間に成立すべき関係が存在するはずであり，これを"拘束条件"(constraint) と呼んでいる．拘束条件は，相空間における変数を含む式によって与えられ，系の時間発展において，すべての時刻においてそれが満たされることが要請される．拘束条件を $\phi(p_i, q_i) = 0$ と書くならば，量 $\phi(p_i, q_i)$ は系の保存量であると言うこともできる (その値はゼロであるにしても)．

保存量 O は，物理系における対称性の存在に関係づけられる．これを見るには，式 (4.6) と式 (4.7) が相空間において系の時間発展を表す流線を規定したことと同様に考えればよい．我々が注目する保存量 O のような，相空間の変数から決まる関数が与えられれば，それを相空間における流線と関係づけることができる．

$$\frac{dq_i}{d\lambda} = \{q_i, O\} \tag{4.8}$$

$$\frac{dp_i}{d\lambda} = \{p_i, O\} \tag{4.9}$$

このように見出した流線 $q(\lambda)$, $p(\lambda)$ は，単なる数式的な構築物であり，一般にはさほど物理的な意味を含んでいるわけではない．その解は相空間において何らかの軌道を形成する．しかしながら O が時間発展における保存量である場合，それは"時間発展の流れ"において不変であること，$\{O, H\} = 0$ を意味する．そして，この最後の式を逆に捉えると，系のハミルトニアンは，O によって生成される流れによって影響を受けないということも意味している．つまり，O によって生成された相空間内の軌道に沿って動くならば，系のハミルトニアン (およびそれゆえに，そのすべての力学的性質) が変わらない．このような曲線が存在することは，対称性が存在することの顕れである．どのような種類の対称性かということは，O の性質に依る．例として，軌道角運動量の z 成分 $L_z = xp_y - yp_x$ が保存される系を考える．この場合，次式を得る．

$$\{H, L_z\} = 0 = x\frac{\partial H}{\partial y} - y\frac{\partial H}{\partial x} + p_x\frac{\partial H}{\partial p_y} - p_y\frac{\partial H}{\partial p_x} \tag{4.10}$$

この式は積分が可能で，その結果は $H(p_x^2+p_y^2,\ x^2+y^2,\ xp_x+yp_y,\ xp_y-yp_x)$ という形になる．つまりハミルトニアンは，z 軸のまわりの回転の下で不変を保つような座標と運動量の組合せだけに依存するのである (初めの2つの引数についてはこれは明白である．後ろの2つの引数は x-y 平面内の位置ベクトルと運動量ベクトルのスカラー積とベクトル積であり，これらも z 軸のまわりの回転の下で不変である)．

保存量は，数学的に定義された物理系における対称性の存在を含意し，拘束条件とは保存量を設定する条件なので，拘束条件は物理系における対称性をも含意することになる．拘束条件は，通常は"Lagrange の未定係数法"によって扱われる．今，系が $2N$ 個の共役な変数によって記述され，M 個の拘束条件 $\phi_i = 0$ $(i = 1, \ldots, M)$ が

設定されていると仮定しよう．このとき，元のハミルトニアンと，それぞれの拘束条件の式に"未定係数" λ_i (潜在的に時間依存を想定してもよい) を乗じた項を加えて，

$$H = H_\text{orig} + \sum_{i=1}^{M} \lambda_i \phi_i \tag{4.11}$$

という"全ハミルトニアン"(total Hamiltonian) を考える．そして Hamilton の運動方程式を，普段と同様に書き下し，$2N+M$ 個の未知数 (正準共役変数と Lagrange の未定係数) に関する $2N$ 本の方程式を得る．これらの式に更に M 本の拘束条件の式 $\phi_i = 0$ を補うと，未知の変数と同数の方程式が揃うことになる．

既に述べたように，系の拘束条件を最初から知っておくことは必ずしも必要ではない．通常は，まず，一連の配位変数 (configuration variable) と，それらの時間微分 (場の理論ではさらに空間微分も加わる) の関数として何らかのラグランジアンが与えられ，拘束条件はそこから考察される．拘束条件を伴う一般的な系を扱うことは複雑であり，本書が扱う範囲外の事項に属する．これを行う手続きは Dirac によって導入されたので，"Dirac の手続き"と呼ばれる．本書では，特に関心の対象となり，Dirac の手続きに包括的に頼ることなく容易に扱えるいくつかの特例だけを取り上げることにする．何らかの系を扱う際に，拘束条件が存在するという暗示の一例としては，たとえばラグランジアンに，ある変数が含まれるけれども，その時間微分 (時間の導関数) が無いという場合がある．これは，その変数がどのように見え，どのように呼ばれていても，それが本当の力学変数ではなく，Lagrange の未定係数であることを意味する．

全ハミルトニアン (4.11) が Lagrange の未定係数を含んでいるということは，何らかの初期条件 $q_i(0), p_i(0)$ を設定して運動方程式を解くと，その解は M 個の任意の Lagrange 未定係数に依存することを意味する．これは時間発展が初期条件だけから一意的に決まらないことを表す．これは理に適っている．解が異なる時間発展を経て，最終的に異なる配位になったとしても，それらの解は系の対称性を通じて等価に関係づけられている．数式的には見かけが異なっていても，それらは物理的には区別がつかないということになり，背後にある物理現象は一意的に決まる．しかし，我々が選んだ記述は，一意的なものではない．話を少々具体的にするために，ある力学系における作用 $S = \int dt\, L(\dot{q}^i, q^i)\, dt$ を考える．通常の Lagrange の運動方程式は，

$$\frac{d}{dt}\frac{\partial L}{\partial \dot{q}^i} - \frac{\partial L}{\partial q^i} = 0 \tag{4.12}$$

であり，時間微分のところを計算すると，次のようになる．

$$\sum_j \left[\frac{\partial^2 L}{\partial \dot{q}^i \partial \dot{q}^j} \ddot{q}^j + \frac{\partial^2 L}{\partial q^j \partial \dot{q}^i} \dot{q}^j \right] - \frac{\partial L}{\partial q^i} = 0 \tag{4.13}$$

$\dot{q}^i$ を初期条件 $\dot{q}^i(0)$ と $q^i(0)$ の関数として決定することは,線形代数の問題になる.これが一意的な解を持つためには,行列 $\partial^2 L/(\partial \dot{q}^i \partial \dot{q}^j)$ が正則でなければならない.そうでなければ,解は未定のパラメーターを含んだ関数になる(方程式が非斉次になると更に面倒な状況になるが,ここではその問題を無視する).その未定のパラメーターとして現れるのは,Lagrangeの未定係数である.あるいは,ハミルトニアン形式に移行したいのであれば,正準運動量を定義する方程式,

$$p_j = \frac{\partial L(\dot{q}^i, q^i)}{\partial \dot{q}^j} \tag{4.14}$$

を逆に解かなければならない.陰関数定理により,これを逆に解くためには,2階の偏導関数によって与えられる行列の行列式がゼロ以外でなければならない.これは先ほど遭遇した条件と同じものである.そうでなければ,得られる結果は $\dot{q}^i = \dot{q}^i(q^j, p^j, v^\alpha)$ という形になり,時間の任意関数 v^α を含んでしまう.これはLagrangeの未定係数に関係しており,その個数は2階偏導関数行列が持つ固有値ゼロの数に依存して決まる.この任意関数の数に等しい数の拘束条件が存在する.このことの例を,次節で見ることにする.

4.3 Maxwell理論の正準形式

前節の要点を具体的に見てみるために,我々の最初の場の理論であるMaxwell理論を調べよう.真空におけるMaxwell理論のラグランジアンは $L = \int d^3x\, F_{\mu\nu} F^{\mu\nu}/4$ と与えられる.配位変数は,たとえばベクトルポテンシャル A_μ の4つの成分とすればよい.しかしながら $F_{\mu\nu} = \partial_\mu A_\nu - \partial_\nu A_\mu$ を思い出すと,μ と ν が等しければ $F_{\mu\nu}$ がゼロになる.これは,ベクトルポテンシャルの時間成分 A_0 を考えると,ラグランジアンにおいて,時間微分 ∂_0 の因子が含まれないことを意味する.A_0 については,その空間微分だけが現れる.したがって A_0 を配位変数として選んだのは,系の自由度という観点からは適切でなかったのである.これはLagrangeの未定係数なのだ!他方,ベクトルポテンシャルの空間成分 A_i に関しては,ラグランジアンにおいて時間微分の因子が存在することにも注意してもらいたい.

したがって,我々が定式化したMaxwell理論は,拘束条件を持った理論であることが分かった.議論を進める前に,場の理論を正準形式で定式化する方法について,少しだけ言及する.これは大部分の学生が,まだ学んでいない題材である.このような短期の講座では,すべてを論じる時間の余裕はないが,その基礎の部分は比較的簡単である.通常の力学系におけるハミルトニアン形式の定式化によく似ているけれども,力学系において偏微分が現れるところに,場の理論では汎関数微分が現れる.たとえ

ば,力学系の正準運動量は $p \equiv \partial L/\partial \dot{q}$ であった.Maxwell理論のような場の理論では,配位変数をベクトルポテンシャルの空間成分 A_a とすると(この措置についてはすぐ後で再考する),その正準共役な運動量が $\pi^a \equiv \delta L/\delta \dot{A}_a$ と定義される $(a = 1, 2, 3)$.ここで必要となる"汎関数微分"(functional derivative)は,次式で与えられる[§].

$$\frac{\delta L}{\delta \dot{A}_a(x)} \equiv \frac{\partial \tilde{\mathcal{L}}(x)}{\partial \dot{A}_a(x)} - \partial_b \frac{\partial \tilde{\mathcal{L}}(x)}{\partial (\partial_b \dot{A}_a(x))} \tag{4.15}$$

$\tilde{\mathcal{L}}$ は"ラグランジアン密度"であり,ラグランジアンは $L = \int d^3x \tilde{\mathcal{L}}$ と定義される.通常の力学において,作用 $S = \int dt L(q, \dot{q})$ が与えられると,Lagrangeの運動方程式は,汎関数微分を用いて $\delta S/\delta q = 0$ と表される.

汎関数微分では,汎関数 L が $\dot{A}_a$ のような変数だけでなく,その空間微分 $\partial_b \dot{A}_a$ にも依存することを考慮してある(Maxwell理論はそうではないが).上式の理論的根拠は,L のような汎関数に関して,変分は空間積分の中に現れるので,着目する変数の空間偏微分を,常に部分積分によってなくすことができるということである.これは表現の仕方の変更にすぎないので,汎関数微分が変わってはならない.部分積分を施すと(境界項は無視する),負号と残りの部分の導関数が現れる.これが上の定義式の第2項によって捉えられているものである.ベクトルポテンシャルを配位変数と考えることは自然であるが,何故,空間成分だけを選ぶのか? これを前提にする必要がないことが判明する.もし,第ゼロ成分を含めたベクトルポテンシャル全体を使い,それらの正準共役な運動量を定義すると,作用が $\dot{A}_0$ を含まないので,共役運動量 $\pi^0 \equiv \delta L/\delta \dot{A}_0$ は恒等的にゼロになってしまう.

正準な定式化を進める前に,先ほど示したラグランジアンからMaxwell方程式が導かれることを証明しておこう.これを行うために,ラグランジアンの A_ρ に関する汎関数微分を計算する必要がある.ラグランジアンを次のように書き直すと都合がよい.

$$L = \frac{1}{4} \int d^3x \, F_{\mu\nu} F_{\lambda\kappa} \eta^{\mu\lambda} \eta^{\nu\kappa} \tag{4.16}$$

汎関数微分は F に対して作用するが,どちらの F に作用させても同じ寄与を生じるので,一方に着目して,結果を2倍にすればよい.場のテンソル $F_{\mu\nu}$ は A_ρ に,その導関数だけを通じて依存する.したがって汎関数微分の中で,次の形の寄与が現れる.

[§](訳註)汎関数微分の定義は,汎関数 $F[f] = \int \mathcal{F}(f(x), \partial f(x)) d^3x$ に関して,関数 $f(x)$ の変分 $\delta f(x)$ の下で,$\delta F = \int (\delta F/\delta f) \delta f d^3x$ 満たすような関数 $\delta F/\delta f$ ということである(汎関数の関数による微分は関数である).ここでは,

$$\delta L = \delta \int \tilde{\mathcal{L}}(\dot{A}, \partial \dot{A}) d^3x = \int \left(\frac{\partial \tilde{\mathcal{L}}}{\partial \dot{A}} \delta \dot{A} + \frac{\partial \tilde{\mathcal{L}}}{\partial (\partial \dot{A})} \delta(\partial \dot{A}) \right) d^3x$$

と考えて,後ろの項に部分積分を施せば,被積分関数の因子として式(4.15)が得られる.

4.3. Maxwell理論の正準形式

$$-\partial_\sigma \left(\frac{\partial \left(\frac{1}{4} F_{\mu\nu} F^{\mu\nu} \right)}{\partial (\partial_\sigma A_\rho)} \right) \tag{4.17}$$

よって，寄与全体は，次式になる．

$$\frac{\delta L}{\delta A_\rho}(x) = \frac{1}{2} \frac{\partial F_{\mu\nu}(x)}{\partial (\partial_\sigma A_\rho(x))} \partial_\sigma (F_{\lambda\kappa}) \eta^{\mu\lambda} \eta^{\nu\kappa} \tag{4.18}$$

初めの偏導関数は，$\mu = \sigma$ で $\nu = \rho$，もしくは $\nu = \sigma$ で $\mu = \rho$ の場合だけに寄与を持つので，2つのKroneckerのデルタがここから生じる．最終的な結果は $\partial_\lambda F^{\lambda\rho} = 0$ となり，これはMaxwell方程式のうちの2本と等価である(残りの2本の式は，場のテンソルをポテンシャル A_μ を用いて書くことで自動的に満たされる)．

理論を正準な形で定式化しよう．ベクトルポテンシャルの空間成分の正準運動量を計算すると，

$$\frac{\delta L}{\delta \dot{A}_a} = E^a \tag{4.19}$$

すなわち電場になる．よって，正準共役な変数の対(つい)は $A_a(x)$ と $E^a(x)$ であり，空間内の各点それぞれにおいて，このひと組の変数がある．これらの変数のPoisson括弧は，次のように与えられる[‡]．

$$\{A_b(x), E^a(y)\} = \delta^a_b \, \delta^3(x-y) \tag{4.20}$$

空間内の同じ点において，同じ方向の成分の変数を選ばなければ，Poisson括弧はゼロになることに注意してもらいたい．変数 x は，空間において異なる位置に付随する変数それぞれに付けられたラベルであり，「連続的な値を取る添字」のようなものである．空間における異なる点には，互いにPoisson括弧を取ってもゼロになるような変数が，それぞれに付随している．このことは右辺のDiracのデルタ関数によって表されている．場に関するPoisson括弧の定義は，通常の力学系におけるPoisson括弧のそれと同じであるが，微分が汎関数微分に置き換わり，空間変数に関する積分が背景概念として存在する．

この段階で，第3章で導入した"密度"の概念を再考するのはよい考えである．我々が曲った多様体の内部にいるならば，ラグランジアンは空間積分(座標積分)によって与えられ，その被積分関数はスカラー密度でなければならない．汎関数微分を取る

[‡] (訳註) ここでは正準変数が座標のラベルを持つので，式(4.20)のPoisson括弧の定義は，
$$\{A_b(x), E^a(y)\} = \int d^3z \sum_c \left\{ \frac{\partial A_b(x)}{\partial A_c(z)} \frac{\partial E^a(y)}{\partial E^c(z)} - \frac{\partial A_b(x)}{\partial E^c(z)} \frac{\partial E^a(y)}{\partial A_c(z)} \right\}$$
である．ここでは第1項だけが残って，式(4.20)の右辺の結果が得られる．

と，積分はなくなり，その結果もまた密度でなければならない．したがって厳密に言えば，我々は適宜 E^a を $\tilde{E}^a$ に置き換えるべきであった．通常，平坦な空間を考える場合には，このような措置は採らないが，心に留めておいたほうがよい．$\tilde{E}^a$ と A_b の Poisson括弧を取ると (ベクトルポテンシャルは密度ではない)，その結果は密度である．前にも言及したように，Diracのデルタ関数は，そのまま座標積分ができる対象なので密度である．しかしながら通常の慣行では，密度であるにもかかわらず，その上にチルダ記号は付けない．

通常の力学系と同様に，Legendre変換を通じてハミルトニアンが構築されるが，空間積分を施す点が異なる (これは '連続的な添字' に関する和に相当する)．

$$H \equiv \int d^3x \left(\tilde{E}^a(x) \dot{A}_a(x) - \tilde{\mathcal{L}} \right) \tag{4.21}$$

繰り返されている添字については和を取る．通常のLegendre変換と同様に，正準運動量の定義式を利用して，ハミルトニアンの式を，正準共役な変数の組だけを含むように書き直す．結果は次式になる．

$$H = \int \left(\frac{1}{2} \left[E^a(x) E^b(x) \delta_{ab} + B^a(x) B^b(x) \delta_{ab} \right] - A_0 \partial_a E^a \right) d^3x \tag{4.22}$$

$B^a = \epsilon^{abc} F_{bc}/2$ は磁場であるが，これは A_a の空間微分として得られる関数である．ここで A_0 に注目する．形式的に A_0 に共役な π^0 の運動方程式を書いてみると，

$$\dot{\pi}^0 = \{\pi^0, H\} = \partial_a E^a \tag{4.23}$$

となるが，π^0 は元々 (全時刻において) ゼロであるべきことを思い出そう．したがって，その時間発展もゼロである．ここから $\partial_a E^a = 0$ が結論されるが，これは真空におけるGaussの法則である．Gaussの法則は拘束条件になる．何故なら E^a を任意のベクトル場に設定することはできず，必ず発散のないベクトル場にしなければならないからである．ここで拘束条件が，対称性を生成するという我々の知見を利用できるが，少々注意深い考察が必要である．我々は場の理論を扱っており，それゆえ諸々の式は座標点に依存する．場に対する拘束を扱う際に有用となるのは，"不鮮明化した (smeared) 拘束条件" の概念の導入である．拘束条件の式に対する不鮮明化を，

$$G(\lambda) \equiv \int d^3x \, \lambda \, \partial_a E^a \tag{4.24}$$

という積分によって施すことを考える．λ は x の任意関数であるが，但し滑らかで，微分可能で，右辺の積分がよく定義されるような関数という条件が付く (境界のない領域を扱うような場合には特別の注意が必要となるが，本書ではそのような微妙な状況は無視する)．不鮮明化した拘束の式 $G(\lambda)$ は，もはや単一の数を与えるだけであ

る．あらゆる λ の下で不鮮明化した拘束の式がゼロになることを要請するならば，それはもちろん多様体上のすべての点において元の拘束条件が成立するという要請と等価である．この措置は一見，不必要に思われるかもしれないが，不鮮明化の措置によって計算がより直接的で，よく定義されたものになる．我々がいろいろな場面で遭遇している Dirac のデルタ関数が，本当は関数ではなくて分布であるということを思い出そう．分布は，積分の内部において，より明確に扱うことができる．これが不鮮明化によって獲得される利点である．

上に示した不鮮明化を施した拘束条件とハミルトニアンの Poisson 括弧を考えると，実際にゼロになることが見いだされるので，それは，この拘束条件によって生成される "軌道" が理論を不変に保つことを示している．そのような軌道が如何なるものであるかを探求することは興味深い．これを行うために，次の計算を見る[§]．

$$\{G(\lambda), E^a\} = 0 \tag{4.25}$$
$$\{G(\lambda), A_a\} = \partial_a \lambda \tag{4.26}$$

つまり軌道をたどってゆくと，電場は変わらず，ベクトルポテンシャルは関数 λ の勾配にしたがって変化する．しかし我々は Maxwell 理論においてベクトルポテンシャルが，任意関数の勾配の違いを許容するように定義されていることを知っている．これは "ゲージ不変性" (gauge invariance) と呼ばれ，第2章で論じた内容に整合する．そして，我々はそれが正準理論において，真空における Gauss の法則からの帰結として現れることを見た．この文脈において，Gauss の法則の式は，ゲージ変換の "生成子" (generator) と呼ばれる．

既に論じたように，我々がここで遭遇している状況は，かなり一般的なものである．もしあなたが，あるラグランジアンにおいて力学変数と見なしていたものが，Lagrange の未定係数のように振舞うこと (その正準共役な運動量が恒等的にゼロになる) を見出したならば，それは拘束条件の存在を見出したことになる．その拘束条件は，あなたが扱う理論において "ゲージ対称性" と呼ばれる対称性を生成し，その理論の運動方程式の解は，任意パラメーターを含むことになる．

前にも少し言及したように，拘束条件を持つ理論を学ぶための話題は，ここで扱うものよりもはるかに広範である．拘束条件にはいろいろな種類のものがあり，その中には，ここで論じた簡単な例よりも複雑なものもある．たとえば，ある拘束条件を調べたところ，それとハミルトニアンとの Poisson 括弧がゼロでないことが見いだされたならば (その条件式が時間の経過の下で自動的に保存されることはない)，更にそれ

[§] (訳註) 空間座標ラベルが随時省略されるが，たとえば式 (4.26) は $\{G(\lambda), A_a(x)\} = \partial_a \lambda(x)$ と見る．$G(\lambda)$ は定義式が全座標域の積分なので (式 (4.24)) 座標のラベルは付かない．

を保存させる必要が生じる．それは結局，新たな拘束条件になる(時間の経過の下での保存を課さなければならない)．本書において我々が考察する拘束条件は，技術的には"第1類"(first class)と呼ばれる部類のものである[‡]．他の種類の拘束条件は，別の技法によって扱われる．

たまたま，我々はMaxwell理論において，($\dot{\pi}^0 = 0$だけでなく)もうひとつの拘束条件 $\pi^0 = 0$ を持っている．これは対称性を生成するだろうか？ このことを調べるために，関数 μ による不鮮明化を $\pi(\mu) \equiv \int d^3x\, \mu \pi^0$ のように施し，次の関係に注意する．

$$\{\pi(\mu), A_0\} = \mu \tag{4.27}$$

つまり A_0 には x の任意関数の違いが生じ，任意の尺度変更を施せることになってしまう．これは物理的でない変数(Lagrangeの未定係数)に対して想定される性質である．拘束条件 $\pi(\mu)$ の軌道は，他の変数の運動を生成しない．

最後に，A_a と E^a の時間発展を調べることによって，Maxwell方程式の残りを再現しよう．

$$\dot{A}_a = \{A_a, H\} = E_a + \partial_a A_0 \tag{4.28}$$

$$\dot{E}^a = \{E^a, H\} = \epsilon^{abc} \partial_b B_c \tag{4.29}$$

添字の上げ下げはKroneckerのデルタを用いて行われる．時間発展は，予想されるように一意的ではなく，Lagrangeの未定係数 A_0 の選び方に依存する．その含意は，ベクトルポテンシャルが任意関数の勾配の違いを許容するように定義されている，ということであり，これはMaxwell理論におけるゲージ対称性である．すなわち，何らかの初期データから始めても，時間の経過の後に，異なる配位状態に到達することがあり得るが，それらの状態は異なるゲージの選択の仕方に対応しているわけである．電場と磁場を用いて表現すれば，その系に起こる物理は一意的であるが，ベクトルポテンシャルによる記述は一意的なものにはならない．一般相対性理論にも，これと似たような事情がある．ある断面空間において，初期条件として3脚場計量 q^{ab} とその共役な運動量を指定しても，その時間発展は一意的にはならない．時間発展に伴う座標系の選び方に自由度があるからである．座標系を固定すると，時間発展は一意的になる．しかしながら，そこには新たな特徴も加わるが，それについて次節で論じることにする．

[‡](訳註) つまり，自動的に保持されるような拘束条件を"第1類"の拘束条件と呼ぶわけであるが，もう少し具体的には7.2節，特にp.95を参照されたい．

4.4 完全拘束系

本節では，ある特別な種類の拘束系に注意を向ける．これは第1印象としては恣意的なものに見えるかもしれないが大変重要である．一般相対性理論にも同様の性質が見られるからである．Newton力学による考察から議論を始めよう．中心的な役割を果たす方程式は，第2法則として与えられている．

$$\vec{F} = m\vec{a} \tag{4.30}$$

$\vec{F}$は対象となる粒子に加えられた力，mは粒子の質量，$\vec{a}$は加速度である．この式が，慣性系においてのみ妥当であることは，よく知られている．この声明が暗に含んでいる概念は，我々が時間を測るために用いる時計が，ある決まった性質を持つということである．仮に今，あなたが古典力学を研究しようとしているけれども，あなたの時計は，Newtonの法則が妥当するような時間Tそのものではなく，その既知の関数tを測るものとしよう．時間tの測定結果は自己整合しており，Newton時間Tに対して非線形に遅れた(もしくは早まった)結果を与える．あなたはその時計を用いて，力学を調べることができるだろうか？　もちろん答えはイエスであるが，得られる基本法則は$\vec{F} = m\vec{a}$よりも扱い難いものになる．それにもかかわらず，あなたは，もし望むならば，その式を書き下すことができるはずである．そしてtとTの変換を適切に行えるならば，あなたの友人が，よい時計の下で粒子がどこにあるかを導いた結論と同じ結論に，あなたも到達できるはずである．

あなたの狂った時計によって，あなたの力学におけるラグランジアンやハミルトニアンを，どのように構築できるだろうか？　通常の作用の式から始めよう．

$$S = \int dT\, L\left(x, \frac{dx}{dT}\right) = \int dt\, \dot{T} L\left(x, \frac{dx}{dt}\frac{dt}{dT}\right) = \int dt\, \dot{T} L\left(x, \frac{dx}{dt}\frac{1}{\dot{T}}\right) \tag{4.31}$$

上付きのドット記号はtに関する導関数を意味する．自由粒子の作用は，次式になる．

$$S = \int dt\, \frac{m}{2}\frac{\dot{x}^2}{\dot{T}} \tag{4.32}$$

この作用は，"パラメーター付け替え不変性" (reparameterization invariance) を備えている．すなわち，時間のパラメーターを$t \to f(t)$と変更しても，式の形は変わらない．これは驚くにはあたらない．tを$f(t)$に置き換えることは，あなたの狂った時計を，別の狂った時計に置き換えることと等価である．したがって，この系の配位変数は$x(t)$と$T(t)$である．ここから導かれるLagrangeの運動方程式は，

$$\frac{d}{dt}\left(\frac{\dot{x}}{\dot{T}}\right) = 0 = \frac{d}{dt}\left(\frac{\dot{x}^2}{\dot{T}^2}\right) \tag{4.33}$$

となる．予想されたように，得られる方程式は，あなたの時計がどのように狂っているかに依存して，複雑なものになる．もちろん $T = t$ であれば，これは見慣れた $\ddot{x} = 0$ に帰着する．

x と T の正準共役運動量を定義して，ハミルトニアン形式への移行を考える．

$$p_x \equiv \frac{\partial L}{\partial \dot{x}} = m\frac{\dot{x}}{\dot{T}} \tag{4.34}$$

$$p_T \equiv \frac{\partial L}{\partial \dot{T}} = -m\frac{\dot{x}^2}{2\dot{T}^2} \tag{4.35}$$

これらの運動量を調べると，即座にこれらに関する拘束条件が見いだされる．

$$\phi(x, T) = p_T + \frac{p_x^2}{2m} = 0 \tag{4.36}$$

ハミルトニアンを得るために，Legendre 変換を行ってみると，

$$H = p_T \dot{T} + p_x \dot{x} - L = p_T \dot{T} + p_x \dot{x} - \frac{m}{2}\frac{\dot{x}^2}{\dot{T}} \tag{4.37}$$

となるが，ここに運動量の式を代入すると $H = 0$ になることが分かる．つまりハミルトニアンはゼロになってしまう．したがって，このような系において"時間発展"はない．しかしながら拘束条件は存在しており，既に論じたように，その拘束条件に従う"流れ"を定義することができる．その流れだけが，系の"力学"を表す．このような系を完全拘束系 (totally constrained system) と呼ぶ．この段階で，このことは奇異に思えるかもしれない．我々は単に自由な粒子を調べていたのではなかったか？その通りであるが，任意の時計の導入を許容することにより，すべての可能な力学的軌跡が等価なものになるのである！つまり，時計の任意性によって，系に対称性が導入されたことになり，そこで見ることのできる"力学"は，対称性によって生成されるものだけである．このことの意味は，真の力学が任意になったということではなく，真の力学は，むしろ時計の任意性の影響を除いて考えなければならないということである．

狂った時計を用いた上述のゲームは，一見，無意味なものに見えるかもしれない．狂った時計を用いて力学を調べることに関心を持つ人がいるだろうか？それは真っ当な指摘である．しかしながら，一般相対性理論において，これと驚くほどよく似た状況に直面することを思い出してみよう．この理論は任意の時間変数の選択の下で不変である．したがって，一般相対性理論の力学においてハミルトニアンがゼロになり，"発展"が拘束条件によって生成されるということは驚くにはあたらない．得られる運動方程式を調べてみよう．拘束条件がある場合，すでに論じたように，系の"全ハミルトニアン"(total Hamiltonian) を，ハミルトニアンと，拘束条件の式と Lagrange

の未定係数の積を足し合わせたものによって定義するのが通例である．全ハミルトニアンは，系のあらゆる可能な流れを，それが対称性によるものであれ，時間発展 (あるとすればひとつある) であれ，すべて生成する．ハミルトニアンがゼロになるならば，全ハミルトニアンは，それぞれの拘束条件の式にLagrangeの未定係数を掛けた項の線形結合によって与えられている．今，我々が考えている系には，拘束条件がひとつだけあるので，$H_{\text{Tot}} = N(t)\phi(x, p_x, T, p_T)$ と表される．関数 $N(t)$ は Lagrangeの未定係数であり，通常これは"経時因子"(lapse)と呼ばれる．このハミルトニアンの下での発展の方程式は，以下のようになる．

$$\dot{x} = \{x, H_{\text{Tot}}\} = N\frac{p_x}{m}, \qquad \dot{p}_x = 0 \tag{4.38}$$

$$\dot{T} = \{T, H_{\text{Tot}}\} = N, \qquad \dot{p}_T = 0 \tag{4.39}$$

ここで $N = [一定] = 1$ と置けば，通常のNewton力学の結果が再現されることを見て取れる．

　この段階においても，まだ釈然としないというのが自然であろう．系の力学が，単なる対称性であるとは，如何なることだろうか？ Newtonの理論には，何らかの"本当の"力学が存在しないのか？ もちろん存在しているが，それは「全ハミルトニアンによって生成される」のである．あなたの友人が，別の狂った時計の時間 t' によって，物理を捉えているものと仮定しよう．あなたと友人は，互いに一致する物理的な予言を提示できるだろうか？ 答えはイエスである．問うことのできる質問は，たとえばNewton時刻 T が 3:30 pm のときの x の値はいくらか，という類のものである．変数 T が 3:30 pm ということは，あるいはパラメーター t においては 7:45 am であり，パラメーター t' においては 9:38 pm ということかもしれない．しかし「指定されたNewton時刻 T における x の値は何か？」という質問は，パラメーターの付け替えに関して不変な，よく定義された設問である．この種の質問は"関係性のある"(relational) 質問と呼ばれるもので，重力理論の文脈においては極めて自然な設問である．我々は後から宇宙論を扱う予定であるが，そのような場面において宇宙を対象とすることを考えてみよう．宇宙は"すべて"である．したがって，我々がどのような時計を構築するにしても，その発展は宇宙の一部分である．したがって，我々が問うことのできる質問は，「我々が時計を定義した宇宙の部分において 1776 年になったときに，その部分はどうなっているか？」といったものになる．

関連文献について

拘束条件を持つ系のハミルトニアン形式に関する優れた文献は，Hanson, Regge, and Teitelboim (1976) である．Dirac による元々の取扱い (2001) も読みやすい．もうひとつの参考文献は Henneaux and Teitelboim (1992) で，これにはパラメーター付けが為された系の扱いが含まれているが，この題材については Kiefer (2006) でも論じられている．Date (2010) の講義録も良質である．

問題

1. Poisson 括弧が Jacobi 恒等式を満たすことを示せ．すなわち，f, g, h が相空間における 3 つの関数であるとすると，

$$\{\{f,g\},h\} + \{\{g,h\},f\} + \{\{h,f\},g\} = 0 \tag{4.40}$$

   となることを示せ．これを利用して，運動の定数が 2 つあるときに，それらの Poisson 括弧を考えることによって，(潜在的な) 新たな定数を生成できることを示せ．

2. 式 (4.19), (4.22), (4.28), (4.29) を導出せよ．

3. 点粒子の電場を，$\phi = 0$ とするゲージ (Weyl ゲージ) によって記述できることを示せ．

4. 相対論的な粒子のラグランジアンは $L = -m\sqrt{u^\mu u_\mu}$ と与えられる．$u^\mu = dx^\mu/d\tau$ は 4 元速度である．この作用の式が，単純に固有時間の積分によって与えられることに注意してもらいたい．Lagrange の運動方程式を導き，ハミルトニアンがゼロになることを示せ．ハミルトニアンがゼロになるべき理由は何か？

5. スカラー場の作用は，次式で与えられる．

$$S = -\frac{1}{2}\int d^4x \left(\partial_\mu \phi\, \partial^\mu \phi + m^2\phi^2\right) \tag{4.41}$$

   Hamilton の運動方程式を導け．

6. 次の作用の式，

$$S = \int d\tau \left(p_0 \dot{q}^0 + p\dot{q} + N(t)\left(\frac{p^2}{2m} + p_0\right)\right) \tag{4.42}$$

   が，時間のパラメーター付けを任意に施した非相対論的な粒子の運動を記述することを示せ．$N = 1$ と置くと，通常の Newton 力学が再現されることを確認せよ．

第 5 章　Yang-Mills理論

5.1　運動学的な構成と力学

　Yang-Mills理論は，Maxwellの電磁気学の一般化であり，素粒子の強い相互作用や弱い相互作用の記述において顕著な成功を収めた．一般相対性理論をAshtekar変数を用いて書くと，Yang-Mills理論に似たものになるので，この理論のいくつかの側面について，ここで論じておくことが適当である．Yang-Mills理論を構築するために，Maxwell理論のようにベクトルポテンシャルから議論を始めるが，そのベクトルポテンシャルを4個の数の組ではなく，4つの行列の組とする．この行列は通常，ひとつの代数 (algebra) の要素と見なされる[1]．代数とは，それを構成する要素の間で，決められた自然ないくつかの性質を満たすような演算を用意されたベクトル空間である．任意のベクトル空間と同様に，代数の基底を導入することができる．代数のひとつの例として，Pauli行列 σ^i を基底として生成されるものがある．

$$\sigma^1 = \begin{pmatrix} 0 & 1 \\ 1 & 0 \end{pmatrix}, \quad \sigma^2 = \begin{pmatrix} 0 & -i \\ i & 0 \end{pmatrix}, \quad \sigma^3 = \begin{pmatrix} 1 & 0 \\ 0 & -1 \end{pmatrix} \tag{5.1}$$

この代数は $su(2)$ 代数と呼ばれる．それは，この行列の指数関数を取ると $SU(2)$ 群が得られるからである (行列の指数関数は，指数関数のTaylor展開を用いて定義される)．"U" と "(2)" は，この代数行列の指数関数が2次元のユニタリー行列であるという事実を表し，"S" は "特殊" (special)，すなわちこの文脈では，ここで指数関数として得られる行列の行列式が1であることを意味する．Pauli行列そのものはエルミート行列である．$su(2)$ を基礎に置くYang-Mills理論は，弱い相互作用の記述において有用であり，先ほど言及したように，Ashtekar変数を用いて表した重力理論も $su(2)$ ベクトルポテンシャルに基礎を置いたものになる．強い相互作用はQCD，すなわち量子色力学 (quantum chromodynamics) によって記述されるが，これは $su(3)$ 代数に基礎を置いている．

---

[1] 一般的な事情として，ベクトルポテンシャル，電場，磁場はLie代数の値を取り，次節で論じるホロノミーはLie群の値を取る．しかしながら，本書では記述を簡単にするために，Lie群やLie代数に関係する術語やLie群の性質を直接的に利用することはなるべく避ける．

ベクトルポテンシャルは(群の$SU(N)$行列表現ではなく)$su(N)$代数の値を取る．これを太字で$\mathbf{A}_\mu$のように表記する．他の代数要素と同様に，これを代数の基底の線形結合の形に書き直すことができる．$su(2)$の場合には，

$$\mathbf{A}_\mu = \sum_{i=1}^{3} A_\mu^i \sigma^i \tag{5.2}$$

と書かれる．A_μ^i は，与えられた基底によって表したベクトルポテンシャルの各成分である．このベクトルポテンシャルを用いて，次のように共変微分(covariant derivative)を導入する[§]．

$$D_\mu = \partial_\mu - ig/2\,\sigma^i A_\mu^i \tag{5.3}$$

この文脈において，共変という形容は，時空座標の変換に関するものではなく，群の内部変換に関する言葉として用いられている．本書の議論においては，このような変換の詳細について追及することはしない．読者がそのように望むならば，D_μ を単なる演算子の定義として受け入れておけばよい．g は"結合定数"と呼ばれるが，その理由はこの後に論じる．代数の基底を形成する行列の組は，何らかの交換関係を満たす．代数の基底を T^i と表記するならば，それらの交換関係は，

$$[T^j, T^k] = i \sum_l f^{jkl} T^l \tag{5.4}$$

という形で表される．和はすべての基底について取られ，f^{jkl} はこの代数の構造定数と呼ばれる．構造定数は代数を完全に決定するので，もし誰かがあなたに f^{ijk} を教えたならば，それは代数の特徴を完全な形で与えられたも同然である．$su(2)$ の場合，Pauli行列は，次の交換関係を満たす．

$$[\sigma^i, \sigma^j] = 2i\epsilon^{ijk} \sigma^k \tag{5.5}$$

[§](訳註) $su(2)$ Yang-Mills理論を考える場合，粒子の波動関数は 2×1 構造を持ち，共変微分は第一義的には 2×1 構造に対して作用する演算子である．ただしこれを $su(2)$ 代数空間(内部空間)における3次元ベクトル $\phi = (\phi^1, \phi^2, \phi^3) = \sum_{i=1}^{3} \phi^i \sigma^i$ に作用する演算子として，

$$(D_\mu \phi)^i \equiv \partial_\mu \phi^i + g\epsilon^{ijk} A_\mu^j \phi^k \tag{5.3*}$$

のように D_μ の作用を捉え直してもよい(代数空間を利用した表現を'随伴表現'[adjoint representation]と称する)．これは元々の共変微分作用の等価的な再解釈であって，式(5.3)をそのまま $\sum_{i=1}^{3} \phi^i \sigma^i$ に作用させるという意味ではないことに注意が必要である．Yang-Mills場に関係する場は内部空間におけるベクトルの形を持つので(時空添字 μ, ν 等とは別に内部添字 i 等が付くか，もしくは太字表記になる)，場の挙動に関する議論の際には式(5.3*)の共変微分の定義のほうがむしろ不可欠である．このときの左辺の表記方法として ϕ を太字にするかどうかや，添字 i の付け方，括弧の有無などは統一されておらず，$D_\mu \phi$, $(D_\mu \phi)^i$, $D_\mu \phi^i$ なども用いられる．なお，本章以降，Einsteinの規約を内部空間の添字(i, j, k など)に適用する際の添字の組は，上付き同士もしくは下付き同士の組も許容する数式表記になっている．

5.1. 運動学的な構成と力学

ここでは，繰り返された添字は1から3までの値で和を取ることが含意される．つまり $su(2)$ の構造定数は，3次元 Levi-Civita 因子を用いて $f^{ijk} = 2\epsilon^{ijk}$ と与えられる．

時空の共変微分に関して行ったのと同様に，2つの Yang-Mills 共変微分の交換子を計算することができる．

$$[D_\mu, D_\nu] = -g/2\, F^i_{\mu\nu} \sigma^i \tag{5.6}$$

具体的な計算を行うと，$F^i_{\mu\nu}$ が次式で与えられることが分かる．

$$F^i_{\mu\nu} = \partial_\mu A^i_\nu - \partial_\nu A^i_\mu + g\, \epsilon^{ijk} A^j_\mu A^k_\nu \tag{5.7}$$

この式を見ると，最初の2つの項の部分は Maxwell 理論における場のテンソルに対応している．場のテンソルが "曲率"（2つの共変微分の交換子）として現れることは，美しい幾何学的な帰結であるが[2)]，本書の範囲内でこれを充分に扱うことはできない．Lie 群と Lie 代数に関して詳述しなければならないからである．我々は，この美的な暗示が，読者にとって，そのような話題を別の機会に掘り下げるための動機づけになることを期待したい．よい入門が Baez and Muniain (1994) によって与えられている．Maxwell 理論の場合との重要な違いは，場のテンソルがベクトルポテンシャルに対して非線形になっていることである．仮にベクトルポテンシャルの各成分 i をそれぞれ "光子" のように捉えるならば，これは光子と光子が直接，相互作用をすることを意味する．運動方程式において，非線形項を通じてそれらのポテンシャルが混ざり合うからである．この文脈において，光子という術語を用いるのは本当は不適切なので（本当の光子同士は相互作用をしない），これは "ボゾン" もしくは，より技術的な術語 "ベクトルボゾン" (vector boson) に置き換えたほうがよい．Yang-Mills 理論において，ベクトルボゾン同士は直接に相互作用する．それを支配するパラメータ g は，この理由によって結合定数と呼ばれる．

これで Yang-Mills 理論の運動学の説明を終える．しかし，その力学については如何か？ Yang-Mills の力学は形式的に，正確に Maxwell 理論のそれと同じになることが判明する．場のテンソルの発散（この場合は共変発散）はゼロになる．

$$D_\mu \mathbf{F}^{\mu\nu} = 0 \tag{5.8}$$

そして，その回転もゼロである．

$$\epsilon^{\mu\nu\rho\sigma} D_\nu \mathbf{F}_{\rho\sigma} = 0 \tag{5.9}$$

[2)] 幾何学的な観点からは，Yang-Mills 理論におけるベクトルポテンシャルは '接続' であり，場のテンソルは '曲率' である．これ以降，このような幾何学的な呼称も併用する．

Maxwell理論とは，Yang-Mills理論において，たまたま群がAbel群であり(行列が互いに可換である)，行列がひとつの要素だけから構成される(1行1列)ような場合の理論，すなわち$U(1)$理論である．もし群がAbel群であり，行列要素がひとつより多いならば，それは互いに相互作用を持たない複数のMaxwell理論を扱っているにすぎない．

Yang-Mills理論は，ラグランジアンによる定式化もハミルトニアンによる定式化も可能であり，前章までに論じたMaxwell理論とも多くの共通点がある．ラグランジアンは，次のように与えられる．

$$L = \frac{1}{4}\int d^3x \, F^i_{\mu\nu} F^{\mu\nu i} \tag{5.10}$$

そしてMaxwell理論と同様に，A^i_0はLagrangeの未定係数として振舞う．正準変数はA^i_aとE^a_iであり，後者は$F^i_{\mu\nu}$の$0a$成分に負号を付けたものとして定義される(iは内部添字，aは空間添字)．Gaussの法則による拘束条件があり，この場合は，

$$D_a \mathbf{E}^a = 0 \tag{5.11}$$

である．配位自由度は，Maxwell理論の3個に対し，$su(2)$ Yang-Mills理論では9個であるが，拘束条件の方は1個から3個に増えている．よって物理的な自由度は6であり，Maxwell理論の3倍ある．そして，既に言及したように，これらの自由度は相互作用をする．

Maxwell理論において，我々はベクトルポテンシャルが，関数の勾配の違いを許容するように定義されることを学んだ．また，そのような不変性すなわちゲージ不変性が，正準な枠組みにおいてGaussの法則から生成されることも学んだ．Yang-Mills理論において，これに類似する不変性は何だろうか？ この質問に対する答えは，不鮮明化したGaussの法則とベクトルポテンシャルのPoisson括弧の考察によって与えられる．内部添字に対応するために，3つの関数によって不鮮明化したGaussの法則の条件式 $G(\lambda) = \int d^3x \, \lambda^i (D_a E^a)^i$ を用いる．計算を行うと，次の結果が得られる．

$$\{G(\lambda), A^i_a\} = \partial_a \lambda^i + g\,\epsilon^{ijk} A^j_a \lambda^k = (D_a \lambda)^i \tag{5.12}$$

ここで，Maxwell理論よりも"ゲージ変換"の概念が複雑になっていることが見て取れる(式(4.26)参照)．もうひとつの違いは，Gaussの法則と場のテンソルのPoisson括弧を考察することによって現れる．Maxwell理論とは異なり，Yang-Mills理論において，このPoisson括弧はゼロにはならず，場のテンソルはゲージ変換の下で変換する．このことは，Yang-Mills理論における電場と磁場が観測量ではなく，ゲージ依存する量であることを意味している．我々は理論において物理的な観測量を構築す

るために，ゲージ変換の下で不変な他の量を探さなければならない．そのような量の一例として，"ホロノミー"と呼ばれる量がある．

5.2 ホロノミー

ホロノミー(holonomy)の概念を導入するために，まずMaxwell理論における考察から始めよう．ある曲線に沿ったベクトルポテンシャルの積分$\int_C \vec{A} \cdot d\vec{s}$を考える．その曲線が閉曲線であれば，Stokes(ストークス)の定理により，次の関係が得られる．

$$\int_C \vec{A} \cdot d\vec{s} = \int_S \vec{\nabla} \times \vec{A} \cdot \vec{n} \, d^2x \tag{5.13}$$

Sは境界をCとする任意の面，nはその面において定義された，積分の面要素における単位法線ベクトルである．ここでは数学的な証明を与えないが，多様体上において可能な"あらゆる"周回曲線に関して積分値を特定したならば，多様体全体における$\vec{A}$の回転(curl)が決まることは直観的に明らかである(ある点における回転が知りたければ，その点を囲む無限に小さい周回曲線を設定した積分値が，その点における回転と，周回曲線が囲む無限小面積の積を与える)．ベクトルポテンシャルの回転が重要となる理由はもちろん，それが場のテンソルに比例するからである．すなわち$\epsilon^{abc}F_{bc} = 2(\vec{\nabla} \times \vec{A})^a$で，右辺は回転の成分である．結局，多様体においてあらゆる閉曲線に関するベクトルポテンシャルの積分を指定すれば，それは多様体全体の場を指定したことになるのである．

Yang-Mills理論の場合は如何であろうか？ 上述の結果をそのまま適用しようとするならば困難に直面する．Yang-Mills理論における場のテンソルは，単なるベクトルポテンシャルの回転よりも複雑なものである．何故なら，ベクトルポテンシャルの成分の間に，非線形な相互作用が導入されるからである．また，Maxwell理論の場合，ゲージ変換を施すと，ベクトルポテンシャルは関数の勾配による変更を受けるが，それは閉曲線に沿った積分に影響を及ぼさない．関数の勾配の曲線に沿った積分は，曲線の始点と終点における関数値の差を与えるにすぎず，閉曲線では始点と終点が一致するので，積分値はゼロになる．したがって，閉曲線に沿った積分の結果はゲージ不変である．Yang-Mills理論では，ゲージ変換がより複雑なものになり，ベクトルポテンシャルの周回積分はもはやゲージ不変にはならない．ここで，ベクトルポテンシャルの周回積分よりも入念な概念が必要となることは明らかである．そのような概念が"ホロノミー"である．

ここで，平行移動(parallel transport)の概念を再考してみよう．E_i^aのような量に着目し，それを，第3章で曲った幾何を考察した際に行ったように，空間内の曲線

$\gamma^a(t)$ に沿って,「可能な限り,自身の平行(向き)を保って」移動させることを考える.つまりこのとき,その量の曲線に沿った共変微分がゼロでなければならない(この場合,空間は平坦であるが,Yang-Mills 添字を持つような対象を扱うので,Yang-Mills 共変微分そのものをゼロにする).

$$\dot{\gamma}^a(t) D_a \mathbf{E}^b = 0 \tag{5.14}$$

ここで $\dot{\gamma}^a(t) = d\gamma^a(t)/dt$ は,曲線に対する正接ベクトルである.ここから次式を得る.

$$\dot{\gamma}^a(t) \partial_a \mathbf{E}^b(t) = -ig\dot{\gamma}^a(t) \mathbf{A}_a(t) \mathbf{E}^b(t) \tag{5.15}$$

$\mathbf{A}_a$ と $\mathbf{E}^b$ は曲線 $\gamma^a(t)$ 上の点において評価される.上式に対して形式的に,曲線に沿った積分を施すと,次式になる.

$$\mathbf{E}^b(t) = \mathbf{E}^b(0) - ig\int_0^t ds\, \dot{\gamma}^a(s) \mathbf{A}_a(s) \mathbf{E}^b(s) \tag{5.16}$$

"形式的に"と言った意味は,両辺に変数が含まれているために,これが本当の解ではないということである.しかしながら,右辺に左辺を代入することを繰り返す手続きは可能である.たとえば,これを 1 回行うと,

$$\begin{aligned}\mathbf{E}^b(t) = {}& \mathbf{E}^b(0) - ig\int_0^t ds\, \dot{\gamma}^a(s) \mathbf{A}_a(s) \mathbf{E}^b(0) \\ & -g^2 \int_0^t ds\, \dot{\gamma}^a(s) \mathbf{A}_a(s) \int_0^s dw\, \dot{\gamma}^a(w) \mathbf{A}_a(w) \mathbf{E}^b(w) \end{aligned} \tag{5.17}$$

となり,もう 1 回行うと,次式になる.

$$\begin{aligned}\mathbf{E}^b(t) = {}& \mathbf{E}^b(0) - ig\int_0^t ds\, \dot{\gamma}^a(s) \mathbf{A}_a(s) \mathbf{E}^b(0) \\ & -g^2 \int_0^t ds\, \dot{\gamma}^a(s) \mathbf{A}_a(s) \int_0^s dw\, \dot{\gamma}^a(w) \mathbf{A}_a(w) \mathbf{E}^b(0) \\ & +ig^3 \int_0^t ds\, \dot{\gamma}^a(s) \mathbf{A}_a(s) \int_0^s dw\, \dot{\gamma}^a(w) \mathbf{A}_a(w) \int_0^w du\, \dot{\gamma}^a(u) \mathbf{A}_a(u) \mathbf{E}^b(u) \end{aligned} \tag{5.18}$$

このような作業は一見,役に立たないように見える.しかしながら,この手続きを無限回繰り返すと,次の級数が得られる.

$$\mathbf{E}^b(t) = \sum_{n=0}^{\infty} \left((-ig)^n \int_{t_1 \geq \cdots \geq t_n \geq 0} \dot{\gamma}^{a_1}(t_1) \mathbf{A}_{a_1}(t_1) \cdots \dot{\gamma}^{a_n}(t_n) \mathbf{A}_{a_n}(t_n) dt_1 \cdots dt_n \right) \mathbf{E}^b(0) \tag{5.19}$$

5.2. ホロノミー

ここで注目すべき点は，有限で滑らかなベクトルポテンシャルに関して，この和が収束することである．括弧の中の量と和を合わせた部分は"平行移動関数"(parallel propagator) と呼ばれる．何故なら，この演算子は $\mathbf{E}^b$ を 0 から t まで「可能な限り，それ自身の平行を保って」移すからである．接続[3]と曲線径路が特定されると，平行移動関数は式(5.14)に対する一意的な解を与える[§]．もし $\gamma^a(t)$ が $\gamma^a(0)$ と一致するならば，ある閉曲線に沿った移動が施されることになり，その場合の平行移動関数は"ホロノミー"(holonomy) と呼ばれる[4]．平行移動関数が行列であることに注意してもらいたい．その対角和(トレース)を取れば，スカラー量が得られる．そのようなスカラーはゲージ変換の下で不変になる．したがって，これはYang-Mills理論における観測可能量のよい候補となる．実は，これが実際には単なる観測量以上のものであることを，これから見ることになる．

また，ホロノミーは，循環 (circulation) の概念と共通する要素を持つことも見て取ることができる．この関連を，より明白にするために，物理学者の間ではよく用いられる記法を導入しておくのがよい(ホロノミーは数学者によっても精力的に研究されているが，数学者は一般にこのタイプの記法を用いない)．

"径路順序化積"(path ordered product) という概念を導入する．

$$P\bigl(\mathbf{A}_{a_1}(t_1) \cdots \mathbf{A}_{a_n}(t_n)\bigr) \tag{5.20}$$

これは，積を構成する各因子を，t_i が大きいものほど左側に来るように並べ替えた積にすぎない．よって，たとえば $t_1 > t_2 > \cdots > t_n$ であれば，

$$P\bigl(\mathbf{A}_{a_1}(t_1) \cdots \mathbf{A}_{a_n}(t_n)\bigr) = \mathbf{A}_{a_1}(t_1) \cdots \mathbf{A}_{a_n}(t_n) \tag{5.21}$$

であるが，$t_2 > t_1 > t_3 > \cdots > t_n$ であれば，

$$P\bigl(\mathbf{A}_{a_1}(t_1) \cdots \mathbf{A}_{a_n}(t_n)\bigr) = \mathbf{A}_{a_2}(t_2)\,\mathbf{A}_{a_1}(t_1) \cdots \mathbf{A}_{a_n}(t_n) \tag{5.22}$$

となる．この記法を利用すると，我々が考えている積分を次のように書き直すことができる．

---

[3] ベクトルポテンシャルのことである．p.63脚註参照．

[§] (訳註) つまり平行移動関数 ($\mathbf{h}$ と表記される．式(8.16)参照) とは，ループ γ と接続 $\mathbf{A}$ を引数とする関数であり，その'値'は $SU(N)$ 行列の形を取る．

[4] 物理学におけるこの術語の使われ方は時として不正確であり，閉曲線に沿った平行移動関数だけでなく，任意の平行移動関数に対して"ホロノミー"の術語が用いられる場合もある．本書でも，後の方ではこのような厳密でない用法を許容することになる．

$$\int_{t_1 \geq \cdots \geq t_n \geq 0} \dot{\gamma}^{a_1}(t_1) \mathbf{A}_{a_1}(t_1) \cdots \dot{\gamma}^{a_n}(t_n) \mathbf{A}_{a_n}(t_n) \, dt_1 \cdots dt_n$$

$$= \frac{1}{n!} \int_0^t P\big(\dot{\gamma}^{a_1}(t_1) \mathbf{A}_{a_1}(t_1) \cdots \dot{\gamma}^{a_n}(t_n) \mathbf{A}_{a_n}(t_n)\big) \, dt_1 \cdots dt_n$$

$$= \frac{1}{n!} P\bigg(\int_0^t \dot{\gamma}^a(t) \mathbf{A}_a(t) \, dt\bigg)^n \tag{5.23}$$

読者はこの結果を確認するために，具体的に n が2の場合，3の場合，等々について調べてみるとよい．因子 $1/n!$ を得るには，積分領域を超立方体において可視化し，積分対象となる領域をその中で考える．最後の恒等式を簡潔に記すために，"径路順序化した指数関数"を，次のように定義する．

$$P\bigg[\exp\bigg(-ig \int_0^t \dot{\gamma}^a(s) \mathbf{A}_a(s) \, ds\bigg)\bigg] \equiv \sum_{n=0}^\infty \frac{(-ig)^n}{n!} P\bigg(\int_0^t \dot{\gamma}^a(t) \mathbf{A}_a(t)\bigg)^n \tag{5.24}$$

もしMaxwell理論の場合のように，ベクトルポテンシャル同士が可換であれば，径路順序化は何の効果も持たず，単なる指数関数に帰着することに注意してもらいたい．この量は，Abel群の場合の循環の指数関数になるのである．したがって我々は循環の概念をYang-Mills理論の場合へ一般化したことになる．Stokesの定理については如何であろうか？ 径路順序化した指数関数を，閉路によって囲まれる面における積分に関係づけることができるか？ 答えはイエスであり，その結果は非Abel群におけるStokesの定理と呼ばれるが，これは極めて複雑で，利用しやすいものではない．ループに沿ったベクトルポテンシャルの径路順序化した積分は"ホロノミー"と呼ばれ，行列である．

　証明なしに提示するが，循環からの類推によって予想される重要な結果は，Giles(ガイルズ)の定理と呼ばれている (Giles (1981))．この定理によれば，多様体において，指定されたベクトルポテンシャルに関するあらゆる可能なループのホロノミーの対角和(トレース)が分かれば，それらの値から，そのベクトルポテンシャルに含まれるゲージ不変なすべての情報を再構築することが可能である．このことが，Yang-Mills理論におけるホロノミーの対角和(トレース)を，単なる観測可能量の一例以上のものだと言った理由である．それは，接続だけの関数であるようなすべての可能な観測量の基礎にあたる量なのである！　この決定的に重要な結果が，ゲージ理論と重力のループ表現の基礎となるが，これについては第8章で詳しく論じる予定である．

関連文献について

Yang-Mills理論を扱う本は多いが，それらは大抵，素粒子物理に関係する多くの付加的な題材を同時に扱っている．余分の話題を伴わない読みやすい文献として，Abers and Lee (1973) の論文，Huang (1992) や Gambini and Pullin (1996) の本を薦める．ホロノミーについては Baez and Muniain (1994) の本がよい．

問題

1. 式(5.6)，式(5.7)，式(5.9)を証明せよ．
2. Yang-Mills理論の共変微分に関するJacobi恒等式を証明せよ．
3. Gaussの法則の拘束条件式と，それ自身とのPoisson括弧を計算せよ (計算のためには不鮮明化が望ましいかもしれない)．それは何に比例するか？
4. 接続と電場の無限小ゲージ変換の公式を，それらのPoisson括弧と不鮮明化したGaussの法則を用いて導け．場のテンソルがゲージ不変ではないことを示せ．
5. ホロノミーの対角和がゲージ不変であることを示せ．無限小ゲージ変換を用いること．あなたはゲージ変換の非Abel的な部分からの各々の寄与が，その積における隣の因子のそれと打ち消し合うことに気付くであろう．

第 6 章　量子力学と場の量子論の基礎

6.1　量子化

20世紀の初めの時期に向けて，原子の尺度における物理が古典力学に支配されないことが徐々に明らかになってきた．粒子は，ある種の状況において波のように振舞い，干渉や回折を起こし，事象の結果は確率的なものになる．結局，古典力学とは異なる新たな自然の記述方法が構築された．この記述方法において，物理的な対象 (たとえば粒子) の状態は，状態ベクトルとして表され，それは複素波動関数 $\Psi(x)$ によって具体的に表現される．位置 x における波動関数の絶対値の自乗は，その粒子が位置 x に存在する確率を表す．確率は規格化されなければならないので $\int dx |\Psi(x)|^2 = 1$ である．波動関数は，全体に掛かる位相因子 $e^{i\alpha}$ (α は定数) の違いを許容する形で決定される．この因子は確率を変えないからである．もし粒子の状態が2通りあって，それらを表す波動関数が $\Psi_1(x)$ と $\Psi_2(x)$ であるとすれば，それらを重ね合わせた $a\Psi_1(x) + b\Psi_2(x)$ も，粒子の状態となり得る．これは重ね合わせの原理 (superposition principle) と呼ばれる．重ね合わせによってつくられた状態の確率を決める際には，重ね合わせ状態全体の絶対値の自乗を評価することになり，そこに干渉現象が現れる．

物理的に観測可能な量は，波動関数に対して作用する演算子 $\hat{O}$ によって表される．関心の対象となる演算子の期待値 $\langle \hat{O} \rangle = \int dx \Psi^*(x) \hat{O} \Psi(x)$ を計算することによって，物理量の値の予言が得られる．このような期待値は観測可能な物理量を表す必要があるので，それは実数でなければならない．この性質は，"自己共役 (self-adjoint) な"演算子によって保証される[1])．すなわち，そのような演算子は $\hat{O} = \hat{O}^\dagger$ を満たし，この $\hat{O}^\dagger$ は次式によって定義される．

$$\int dx \, \varphi^* \hat{O}^\dagger \psi \equiv \int dx \, (\hat{O}\varphi)^* \psi \tag{6.1}$$

すべての可能な φ と ψ に関して，上式が成立しなければならない．演算子 $\hat{O}^\dagger$ は，$\hat{O}$ のエルミート共役 (Hermitian conjugate) と呼ばれる．

---

[1]) 自己共役の条件として，無限次元演算子の場合には，O が良好に定義される空間 ('定義域' [domain]) が，$O^\dagger$ のそれと同じであるという要請も必要となる．

古典論を与えられたとき，その量子力学版を構築するために，"正準量子化"(canonical quantization) という手続きが用いられる．まず初めに，古典論をハミルトニアン形式で表す．そうすると，理論は正準変数 q, p によって定式化される．それから，関心の対象となる物理を記述するための，充分に多い物理変数の組を選んで，それらを Hilbert（ヒルベルト）空間において作用する自己共役な演算子へと移行させる[2)]．Hilbert 空間は，内積を定義されている関数空間である．関数と関数の内積は，通常は独立変数に関する積分を含んでいる．その結果は有限でなければならない．このことにより，通常は，対象として考えることのできる関数の種類に制約が課される．たとえば，平方可積 (square integrable) な関数 ($\int dx |f(x)|^2$ が有限となるような関数 $f(x)$) は Hilbert 空間を形成する．正準変数を Hilbert 空間における演算子へ移行させる際には，共役変数間の Poisson 括弧が，交換子 (の $1/i\hbar$ 倍) へと移行するようにしなければならない．そこで，まず変数を $q \to \hat{q}, p \to \hat{p}$ のように演算子にする．そして $\{q, p\} \to [\hat{q}, \hat{p}] = i\hbar \widehat{\{q, p\}} = i\hbar$ とすればよい．演算子を適正なものにするための，もうひとつの方法は，古典的な方程式が，演算子の間の恒等式としても ($\hbar$ の 1 次までにおいて) 成立するという要請を課すことである．すなわち古典的な式において変数にハット記号を付け，Poisson 括弧を交換子に置き換えた式が，演算子の式として成立しなければならない．古典的な式を演算子の式へと移行させる際には，その手続きに曖昧さが生じる．古典的には互いに可換であった量 (すなわち式の中で積の順序の違いは意味がない) が，量子力学的な演算子としては可換でなくなるかもしれないからである．これは因子順序化の曖昧さと呼ばれており，この理由から，古典的な式と量子力学的な演算子の式の対応関係は，$\hbar$ の 1 次までに限られる．たとえば Hamilton の運動方程式は，次のようになる．

$$i\hbar \dot{\hat{q}} = [\hat{q}, \hat{H}] \tag{6.2}$$

$$i\hbar \dot{\hat{p}} = [\hat{p}, \hat{H}] \tag{6.3}$$

そして，共役な変数の Poisson 括弧は $[\hat{q}, \hat{p}] = i\hbar$ になる．上式は Heisenberg（ハイゼンベルク）の運動方程式として知られる．ハミルトニアンの描像からすると，量子化は大変自然な手続きである．もし正準変数の間に拘束条件があれば，それも演算子へと移行し，それは波動関数を消滅させなければならない演算子となる．拘束条件によって消滅する状態[§]のことを，物理的な状態 (physical state) と呼ぶことがある．拘束条件を持つ理

[2)] どのような物理量の組を演算子化できるかということには制約があり，一般には，異なる変数の選び方をすると，互いに等価ではない理論が導かれる．しかしながら，ここではこの問題に立ち入らない．このような事情は，関連文献において Groenewold-van Hove (1946, 1951) の定理として知られる．

[§] (訳註) あるいは，$\{1+($拘束条件$)\}$ という演算子の固有状態，と言い換えたほうが解りやすいかもしれない．式(7.28)を参照されたい．

6.1. 量子化

論において，拘束条件によって消滅しない状態 (運動学的な状態 [kinematical state] と呼ばれる) を含む空間を考察する場合もあるが，それは物理的な状態空間を構築する手段であったり，拘束条件の代数的な研究のためであったりする．

量子力学の描像 (picture) は，ひとつだけではない．ここまで我々が構築してきた形式は，"Heisenberg描像"に基づくもので，この描像では，演算子が時間に依存して変化し，状態は時間変化をしない．これに代わる描像として"Schrödinger描像"もある．この描像では演算子は時間に依存せず，状態に時間依存性が生じる．両方の描像に基づく形式から等価な物理的結果が得られるが，ある特定の問題については，一方の描像のほうが，もう一方の描像よりも自然に計算できるということがあり得る．

より具体的に，関心の対象となるようなHilbert空間を構築するひとつの方法は，幾何学的量子化の言葉を用いるならば，状態を配位変数の関数 $\Psi(q)$ と見なすような"極化の選択"(pick a polarization) である．先ほど述べたように，q の平方可積な関数は，利用可能なHilbert空間を形成する．この空間において，演算子 $\hat{q}$ は単なる乗数となり ($\hat{q}\Psi(q) = q\Psi(q)$)，運動量は微分演算子になる ($\hat{p}\Psi(q) = -i\hbar\partial\Psi(q)/\partial q$)．ところが，ある種の状況においては，波動関数が運動量の関数であるような極化を選ぶことが，より便利となる可能性もある．正準変数が沢山ある場合，極化の選択にも多くの方法が生じる．有限個の自由度を備えた系を扱う場合，Stone-von Neumannの定理と呼ばれる命題があって，得られる結果はすべて等価なものになることが知られている[3)]．

系の量子化のひとつの例を見てみよう．この量子化は，場の理論の量子化の大部分において，決定的に重要な役割を演じることになるが，それは単純調和振動子系の量子化である．ハミルトニアン $H = p^2/(2m) + kq^2/2$ を議論の出発点とする．k は弾性定数である．角振動数を $\omega^2 = k/m$ によって導入し，変数を若干修正して $q = \sqrt{\hbar/(m\omega)}\,Q$ および $p = \sqrt{m\hbar\omega}\,P$ と再定義する．そうすると，ハミルトニアンは簡単に $H = \hbar\omega(P^2 + Q^2)/2$ となる．これと併せて，交換関係 $[\hat{Q}, \hat{P}] = i$ が設定される．

この調和振動子を，たとえば Q を用いた表示 (極化) によって扱うことができる．波動関数は $\Psi(Q)$ と表され，ハミルトニアンの固有値問題は，次のようになる．

$$\frac{1}{2}\left[-\frac{d^2}{dQ^2} + Q^2\right]u_\epsilon(Q) = \epsilon u_\epsilon(Q) \tag{6.4}$$

$u_\epsilon(Q)$ は，固有値 ϵ に付随する固有ベクトルである．ここでは導出を行わないが，この例では固有値問題を容易に解くことができて，ハミルトニアンの固有状態はエルミー

[3)] 拘束条件がある系では，Stone-von Neumann定理は，有限次元 (有限自由度) の状況下においてさえ適用できなくなる．

ト多項式と Gauss 関数の積によって与えられる．以下では代わりに，Dirac によって導入された方法に従い，ハミルトニアンの固有状態を，最低の固有値に対応する初めの固有状態 (真空) に演算子を作用させることによって構築してみる．まず，次の2つの演算子を定義することから始める．

$$\hat{a} = \frac{\sqrt{2}}{2}(\hat{Q} + i\hat{P}) \tag{6.5}$$

$$\hat{a}^\dagger = \frac{\sqrt{2}}{2}(\hat{Q} - i\hat{P}) \tag{6.6}$$

これらは互いにエルミート共役な演算子であり，交換関係は $[\hat{a}, \hat{a}^\dagger] = 1$ となる．これらの演算子を用いて，ハミルトニアンを書き直す．

$$\hat{H} = \frac{\hbar\omega}{2}(\hat{a}\hat{a}^\dagger + \hat{a}^\dagger\hat{a}) \tag{6.7}$$

新たな演算子を $\hat{N} = \hat{a}^\dagger\hat{a}$ と定義すると，ハミルトニアンを次のようにも書ける．

$$\hat{H} = \left(\hat{N} + \frac{1}{2}\right)\hbar\omega \tag{6.8}$$

演算子 $\hat{N}$ の性質を少々調べてみよう．その固有値を n，固有状態を $|n\rangle$ と記す (よって $\hat{N}|n\rangle = n|n\rangle$ である)．状態 $\hat{a}|n\rangle$ のノルムを考える．

$$\langle n|\hat{a}^\dagger\hat{a}|n\rangle = \langle n|\hat{N}|n\rangle = n\langle n|n\rangle \tag{6.9}$$

ここでは $\hat{a}$ と $\hat{a}^\dagger$ の交換関係を利用した．状態のノルムは，その定義により非負なので，$\hat{N}$ の固有値も正もしくはゼロでなければならない．また，$n=0$ と置くと $\hat{a}|n\rangle$ はゼロベクトルになる．さらに，$\hat{a}|n\rangle$ と $\hat{a}^\dagger|n\rangle$ も $\hat{N}$ の固有状態になるということにも注意する．

$$\hat{N}\hat{a}|n\rangle = \hat{a}(\hat{N}-1)|n\rangle = (n-1)\hat{a}|n\rangle \tag{6.10}$$

$$\hat{N}\hat{a}^\dagger|n\rangle = \hat{a}^\dagger(\hat{N}+1)|n\rangle = (n+1)\hat{a}^\dagger|n\rangle \tag{6.11}$$

つまり，それぞれ固有値は $(n-1)$ および $(n+1)$ である．

今や我々は，$|n\rangle$ に $\hat{a}$ を続けて作用させることにより，$\hat{N}$ の固有ベクトルの集合を構築することができる．

$$\hat{a}|n\rangle,\ \hat{a}^2|n\rangle,\ \ldots,\hat{a}^p|n\rangle \tag{6.12}$$

この集合の要素は有限個である．何故なら $\hat{N}$ の固有値の下限はゼロという制約が課されているからである．別の言い方をすると，この集合の要素である一連のベクトルは，

$p+1$ 個め以降がゼロになる.この p とは,ゼロでない固有ベクトル $\hat{a}^p|n\rangle$ の固有値 $n-p$ がゼロになるような値である.すなわち $n=p$ である.p は整数なので,n も整数でなければならない.$\hat{a}^\dagger$ を $|n\rangle$ に作用させることもできて,それも $\hat{N}$ の固有ベクトルとなり,固有値は $n+1$ となる.$(\hat{a}^\dagger)^2$ を作用させると固有値 $n+2$ の固有ベクトルが生成される.その先も同様である.結論として,$\hat{N}$ の固有値は非負の整数全体の集合を形成する.演算子 $\hat{N}$ は (エネルギー量子の) "個数演算子" (number operator),$\hat{a}$ と $\hat{a}^\dagger$ はそれぞれ量子数の "下降演算子" (lowering operator) および "上昇演算子" (raising operator) と呼ばれる (量子の消滅演算子 [annihilation operator]・生成演算子 [creation operator] と呼ばれることもある).このように構築された $\hat{N}$ の固有状態は,単位ノルムを持たない.しかし適当な係数を掛けることによって,この問題を解消できる.このようにして,これ以降,

$$|n\rangle \equiv \frac{1}{\sqrt{n!}}(\hat{a}^\dagger)^n|0\rangle \tag{6.13}$$

を用いることにする.このベクトルは $\hat{N}|n\rangle = n|n\rangle$ という性質を持ち,かつ $\langle n|n'\rangle = \delta_{n,n'}$ のように規格化されている.

上述の方法で導入された調和振動子系の固有ベクトルは,"個数表示" (number representation) と呼ばれる表示の基底を形成する.この表示の下では,ハミルトニアン $\hat{H} = (\hat{N} + 1/2)\hbar\omega$ が自動的に対角行列になる.ハミルトニアンの固有値は,$\hbar\omega/2, 3\hbar\omega/2, \ldots, (n+1/2)\hbar\omega$ と与えられる.

ここで示した調和振動子系の量子力学的な扱い方は,場の理論を量子力学的に扱う際にも極めて有用となることを,これから見ることになる.

6.2 場の量子論の基礎

ハミルトニアン形式の力学を論じた節において見たように,場は "連続的な添字" を持つ力学系であって,それは空間における各点において場が異なる値を持てるという事実の反映である.場を量子化する際に,同様の態度を堅持することもできる.しかしながら,本節の場の量子化の考察においては,通常よく用いられる展開を概観することにする.

スカラー場 (Klein-Gordon場とも呼ばれる) の考察から始めよう.これは最も単純な場の理論の例である.電磁場はスカラー場と共通する多くの性質を持つけれども,主要な変数が添字を持っており,理論はゲージ自由度を持つ.このことによって,式を追跡する作業が面倒になり,微妙な問題もそこから生じてくるので,初めにスカラー場を扱う方がよい.スカラー場のラグランジアンは $L = -\int d^3x (\partial_\mu\varphi\,\partial^\mu\varphi + V(\varphi))/2$

と与えられる．$V(\varphi)$ の項は，場がそれ自身と相互作用するポテンシャルを表す．ポテンシャルの部分が $m^2\varphi^2/2$ という形の項を含むならば，この場は質量を持つと言い，m が質量を表す．このラグランジアンに関する運動方程式は，ポテンシャル項を含む波動方程式 $\partial_\mu\partial^\mu\varphi - dV(\varphi)/d\varphi = 0$ になる．もし $V(\varphi) = 0$ であれば，波は光速で自由に伝播する．これは無質量スカラー場と呼ばれる．正準形式を調べるために，場に対して正準共役な運動量を $\pi = \delta L/\delta\dot\varphi = \dot\varphi$ と定義する．そうするとハミルトニアンは，ポテンシャルが質量項だけの場合，次のように与えられる．

$$H = \frac{1}{2}\int d^3x \left[\pi^2 + (\nabla\varphi)^2 + m^2\varphi^2\right] \tag{6.14}$$

真中の項は，スカラー場の勾配の自乗である．

力学系の量子化の場合と同様に，場と，その正準運動量を，量子力学的な演算子へと移行させる．

$$\varphi \to \hat\varphi, \qquad \pi \to \hat\pi \tag{6.15}$$

ここでは，空間内の各点において演算子が存在することになる．これに伴い，正準なPoisson括弧は，交換子の式に置き換わる．

$$[\hat\varphi(\vec x), \hat\pi(\vec y)] = i\hbar\delta^3(\vec x - \vec y) \tag{6.16}$$

$$[\varphi(\vec x), \varphi(\vec y)] = [\pi(\vec x), \pi(\vec y)] = 0 \tag{6.17}$$

場を，Fourier（フーリエ）空間において展開すると，見通しがよくなる．

$$\hat\varphi(\vec x, t) = \int \frac{d^3p}{\sqrt{(2\pi)^3}} e^{i\vec p\cdot\vec x}\hat\varphi(\vec p, t) \tag{6.18}$$

そうすると，Klein-Gordon方程式と呼ばれる場の方程式は，次のようになる．

$$\left(\frac{\partial^2}{\partial t^2} + [\vec p^2 + m^2]\right)\varphi(\vec p, t) = 0 \tag{6.19}$$

この式は，$\vec p$ の各々の値に関して，角振動数 $\omega(\vec p) = \sqrt{\vec p^2 + m^2}$ を持つ調和振動子の方程式に同定される．つまり場を，運動量空間において，互いに独立な調和振動子の集合体のように見なすことができ，運動量の各値に対応して調和振動子がひとつずつあるということになる．運動量の各値において，調和振動子と同様に，生成演算子と消滅演算子を導入することができる．

$$\hat\varphi(\vec p) = \frac{1}{\sqrt{2\omega(\vec p)}}\left(\hat a_{\vec p} + \hat a^\dagger_{-\vec p}\right) \tag{6.20}$$

$$\hat\pi(\vec p) = -i\sqrt{\frac{\omega(\vec p)}{2}}\left(\hat a_{\vec p} - \hat a^\dagger_{-\vec p}\right) \tag{6.21}$$

6.2. 場の量子論の基礎

$\omega(\vec{p})$ を含む因子の部分は,調和振動子の取扱いにおいて,場の尺度を変更して角振動数を消し去るための措置である.$-\vec{p}$ の付いた生成演算子は,場が自己共役 (エルミート) となるために必要とされる.消滅演算子と生成演算子の交換関係は,次のようになる.

$$[\hat{a}_{\vec{p}}, \hat{a}_{\vec{p}'}^{\dagger}] = \delta^3(\vec{p} - \vec{p}') \tag{6.22}$$

これでハミルトニアンは,次のように書き直される.

$$\hat{H} = \int d^3 p\, \omega(\vec{p}) \left\{ \hat{a}_{\vec{p}}^{\dagger} \hat{a}_{\vec{p}} + \frac{1}{2}[\hat{a}_{\vec{p}}, \hat{a}_{\vec{p}}^{\dagger}] \right\} \tag{6.23}$$

最後の項は,同じ $\vec{p}$ を添字に持つ演算子の交換子であり,$\delta^3(0)$ に比例する.つまり発散する.これは,それぞれの調和振動子の基底エネルギーの総和を表しているに過ぎず,煩わしくはあるけれども,容易に予想されるものである.場に関する実験 (重力を除く) においてはエネルギーの差だけが関心の対象となるので,この発散定数が実験的に検出されることはない.しかし重力を対象に含めると,状況は著しく悪くなり,この発散項を無視することが許されなくなる.ここでは詳しい議論を行わないが,量子場に関する応力-エネルギーテンソルの計算を行うと,それが宇宙定数の形を持つことが見いだされる.観測される宇宙定数の値は極めて小さいので,場の量子論において (少なくとも粗い推測としては) 運動量に切断(カットオフ)を導入しないかぎり,この項が無限大になるという事実は,明らかに不都合な問題である.これは最終的には,量子重力理論によって克服されるべき最重要問題のひとつと考えられている (これに代わる観点について Bianchi and Rovelli (2010) も参照されたい).

調和振動子の場合と同様に,状態の基底として個数演算子の一連の固有状態を導入し,それぞれに個数の固有値のラベルを付けることができるが,スカラー場の量子論では,許容されるそれぞれの運動量において,そのような基底の組が導入されることになり,用いられる基底は運動量のラベルと個数のラベルを持つ.

この段階において,真空状態に対する場の作用 $\hat{\varphi}(x)|0\rangle$ について考察しておくことに意義がある.場の量子論における真空の定義は,量子力学の場合よりも少々微妙なものになる.先ほど言及したように,有限次元系においては Stone-von Neumann の定理が成立し,あらゆる量子力学的な表示が等価であることが保証されている.場の量子論ではこれが成立せず,互いに等価ではない多くの表示が見いだされることになる.本節で行っているように,平坦な時空において場を量子化する際に,通常は真空状態が Poincaré 不変[4]になるような表示が選ばれる.そのような真空状態に対して,

---

[4] Lorentz 変換と時空内推進 (並進) の下で不変という意味である.

因子の順序は，場の運動量の期待値と，ハミルトニアンの期待値がゼロになるように選ばれる．

そのような真空に関して，$\hat{a}_{\vec{p}}|0\rangle = 0$ となる．真空を選ぶために Poincaré 不変性を利用したという事実から，曲った時空における場の量子論を研究する際に困難に直面することが予想される．一般的な曲った時空においては，Poincaré 不変性のような規準の類似物がないからである．これが量子場の理論を重力に適用する際の主要な問題になる．この問題については 10.1 節において再び言及する．

上述の量子化は，暗に Schrödinger 描像を想定して進められている．すなわち場と共役運動量に対応する演算子は時間に依存せず，状態のほうに時間依存性を持たせてある．しかしながら，時空において量子化された場がどのように作用するかを，より良く理解するためには Heisenberg 描像を採用する方がよい．真空状態に対する場の作用の問題に戻ろう．真空状態が $\hat{a}_{\vec{p}}$ によって消滅するという仮定の下で，式 (6.20) を思い出し，Fourier 逆変換によって位置空間に戻ると，次式が得られる．

$$\hat{\varphi}(x)|0\rangle = \int \frac{d^3p}{(2\pi)^3} \frac{1}{2E_{\vec{p}}} e^{-i\vec{p}\cdot\vec{x}} |\vec{p}\rangle \tag{6.24}$$

エネルギーは $E_{\vec{p}} = \sqrt{\vec{p}^2 + m^2} = \omega(\vec{p})$ であり，また $|\vec{p}\rangle \equiv \sqrt{2E_{\vec{p}}}\, \hat{a}_{\vec{p}}^{\dagger}|0\rangle$ と定義してある．したがって上式は，よく定義された運動量 $\vec{p}$ を持つ 1 粒子状態の線形な重ね合わせであることが見て取れる．エネルギーを含む因子を除けば，これは位置の固有状態 $|\vec{x}\rangle$ を表す非相対論的な式としてよく知られている式と同じである．そこで次のように解釈する．場 $\hat{\varphi}(\vec{x})$ の作用は，位置 $\vec{x}$ に粒子をひとつ生成することである．この解釈は，次の計算によってさらに確実になる．

$$\langle 0|\hat{\varphi}(\vec{x})|\vec{p}\rangle = e^{i\vec{p}\cdot\vec{x}} \tag{6.25}$$

これを再解釈すると，$\langle 0|\hat{\varphi}(x)|$ は，1 粒子波動関数を，位置 x によって位置空間表示するための規準状態にあたる．これと 1 粒子状態 $|\vec{p}\rangle$ との内積は，通常の量子力学における $\langle \vec{x}|\vec{p}\rangle \sim e^{i\vec{p}\cdot\vec{x}}$ と同様に，状態 $|\vec{p}\rangle$ の波動関数を与えている．

ここから"伝播関数" (propagator[5]) として知られる重要な概念の考察に入る．ここで問うべき問題は，次のようなことである．あなたがある時刻に，$\vec{x}$ にひとつ粒子のある状態を用意したと仮定しよう．そうすると，あなたがその粒子を別の時刻に $\vec{y}$ において見いだす確率はどのように与えられるだろうか？ Heisenberg 描像 (H) と Schrödinger 描像 (S) の消滅演算子 (もしくは生成演算子) の関係が，$\hat{a}_{\vec{p}}^{(\mathrm{H})}(t) = e^{iHt} \hat{a}_{\vec{p}}^{(\mathrm{S})} e^{-iHt}$ であることを考慮すると，この確率は次式で与えられる．

---

[5] 第 5 章の parallel propagator (平行移動関数) と混同してはならない．

6.2. 場の量子論の基礎

$$\langle 0|\hat{\varphi}(y)\hat{\varphi}(x)|0\rangle = \int \frac{d^3p\, d^3p'}{(2\pi)^3} \frac{1}{4E_{\vec{p}}E_{\vec{p}'}} \langle 0|a_{\vec{p}} a^{\dagger}_{\vec{p}'}|0\rangle e^{-ip\cdot x + ip'\cdot y}$$

$$= \int \frac{d^3p}{(2\pi)^3} \frac{1}{2E_{\vec{p}}} e^{ip\cdot(x-y)} \equiv D(x-y) \tag{6.26}$$

この $D(x-y)$ という量が，伝播関数と呼ばれる．この時点で読者は共変性が自明でないことに少々困惑するかもしれない．結局のところ我々は Klein-Gordon 場を扱っているのであって，それが従う式は Lorentz 不変である．上の式は Lorentz 不変性が明白な形ではないが，実際のところ Lorentz 不変であり，そのことは次式に注意することによって理解できる．

$$\int \frac{d^3p}{2E_{\vec{p}}} = \int d^4p\, \delta(p^2+m^2)\,\Theta(p^0) \tag{6.27}$$

$\Theta(p^0)$ は段差関数で，$p^0 > 0$ のときには 1，それ以外ではゼロになる．時間反転を許容しない Lorentz 変換の下では常に $\Theta(p^0) = 1$ が保持されるので，上式は Lorentz 不変である．

我々は後から一般的な"時間順序化積"(time ordered product) の概念を利用することになるが，これを 2 つの場に適用すると，次の"Feynman 伝播関数"を得る[§]．

$$D_{\mathrm{F}}(x-y) = \langle 0|T\hat{\varphi}(x)\hat{\varphi}(y)|0\rangle = \begin{cases} D(x-y) & x^0 > y^0 \\ D(y-x) & y^0 > x^0 \end{cases} \tag{6.28}$$

Feynman 伝播関数は 2 つの時空点 x と y に依存するのであって，これらの引数が単なる空間点ではないことに注意してもらいたい．この関数を積分を用いて共変な形で書くことができる．

$$D_{\mathrm{F}}(x-y) = \int \frac{d^4p}{(2\pi)^4} \frac{-i}{p^2+m^2-i\epsilon} e^{-ip\cdot(x-y)} \tag{6.29}$$

ϵ は無限小の正数である．ϵ の起源は，積分は本当は $\epsilon = 0$ において評価しなければならないけれども，極が $p^0 = \pm E_{\vec{p}}$ にあり，積分路を複素平面内において，$E_{\vec{p}}$ の極のところでは上側に，$-E_{\vec{p}}$ の極のところでは下側に回避させる必要によるものである．$i\epsilon$ の項を分母に加えておくことによって，積分路を迂回させる代わりに極がずれて，実軸に沿った積分の評価が可能となる．この式の導出は行わないが，これが Klein-Gordon 方程式の Green 関数の Fourier 変換として理解できることに注意してもらいたい．運動量空間において，Klein-Gordon 方程式は $(p^2+m^2)\varphi(p) = 0$ であり，式

[§](訳註) この基本的な伝播関数 (Δ_{F} とも表記される) の定義には，文献によって定係数因子の付け方に違いがある．たとえば $D_{\mathrm{F}}(x-y) = (i\hbar c)^{-1}\langle 0|T\hat{\varphi}(x)\hat{\varphi}(y)|0\rangle$ としている例があるが，$\hbar = c = 1$ と置いても，式 (6.28) と $-i$ の違いが残る．また，因子 2 だけ異なる場合もある．

(6.29)は，$-i$ を除けば，場に掛かっている因子の逆数を Fourier 変換したものである．最後に，術語に関する注意を付け加えて，本節を終えることにする．伝播関数は，2点相関関数と呼ばれることも，2点 Green 関数と呼ばれることもある．

6.3 量子場の相互作用と発散

ここまで我々は自由場の理論の量子化を考察してきた．この場合，粒子状態はハミルトニアンの固有状態であって，粒子間に相互作用や散乱は生じない．相互作用を扱うためには，ハミルトニアンに，質量項とは異なる非線形項を導入する必要がある．ここでは相互作用を持つ場の理論の例をひとつだけ考察してみる．それは，自由スカラー場のハミルトニアンに対して，$\lambda \varphi^4/4!$ という項を付加した理論であって，"ラムダ-ファイ4乗 (lambda phi fourth) 理論"として知られている．この文脈において λ は"結合定数"と呼ばれる無単位数で，その値は小さいものと仮定される．

我々が最初に試みるべきことは，この相互作用を持つ理論における2点相関関数の計算である．

$$\langle \Omega | T \hat{\varphi}(x) \hat{\varphi}(y) | \Omega \rangle \tag{6.30}$$

ここで状態を Ω と記した理由は，相互作用を持つ理論における真空状態が，自由場の理論における真空状態と必ずしも同じとは言えないからである．まず，ハミルトニアンを書く．

$$H = H_0 + H_{\text{int}} = H_0 + \int d^3 x \frac{\lambda}{4!} \hat{\varphi}^4(\vec{x}) \tag{6.31}$$

ハミルトニアンは，式(6.30)に，2種類の部分を通じて関わる．それらは，真空状態の定義と，時刻 t における場の定義である．Heisenberg 描像における場の時間発展は，ハミルトニアンを用いて次のように表される．

$$\hat{\varphi}(t, \vec{x}) = \exp(i\hat{H}t) \hat{\varphi}(0, \vec{x}) \exp(-i\hat{H}t) \tag{6.32}$$

我々は式を，結合定数 λ の冪展開の形で得ることにしたい．

まず，場 $\hat{\varphi}(x)$ を考える．任意の時刻 t_0 における場を，消滅演算子と生成演算子を用いて展開することができる．

$$\hat{\varphi}(t_0, \vec{x}) = \int \frac{d^3 p}{(2\pi)^3} \frac{1}{\sqrt{2E_{\vec{p}}}} \left(a_{\vec{p}} e^{i\vec{p}\cdot\vec{x}} + a_{\vec{p}}^\dagger e^{-i\vec{p}\cdot\vec{x}} \right) \tag{6.33}$$

そして，任意の時刻の場を得るために，式(6.32)を利用できる．もし λ が小さければ，時間発展の大部分は H_0 によることになるので，式(6.32)において H を H_0 に置き換

えた"相互作用描像"(interacting picture)を定義しておくと都合がよい．相互作用描像における場の展開は，次のようになる．

$$\hat{\varphi}_{\mathrm{I}}(x) = \int \frac{d^3 p}{(2\pi)^3} \frac{1}{\sqrt{2E_{\vec{p}}}} \left(a_{\vec{p}} e^{-ip\cdot x} + a_{\vec{p}}^{\dagger} e^{ip\cdot x} \right) \Big|_{x^0 = t - t_0} \tag{6.34}$$

ここから，相互作用している場を，$\hat{\varphi}_{\mathrm{I}}$ によって表すことに挑戦する．これを行うために，まず次のように書けることに注意する．

$$\hat{\varphi}(x) = \hat{U}^{\dagger}(t, t_0) \hat{\varphi}_{\mathrm{I}}(x) \hat{U}(t, t_0) \tag{6.35}$$

ここで $\hat{U}(t,t_0) = \exp(i\hat{H}_0(t-t_0)) \exp(-i\hat{H}(t-t_0))$ は，相互作用描像における時間発展演算子である．この演算子を $\hat{\varphi}_{\mathrm{I}}$ によって表したい．後者は具体的に分かっているからである．この時間発展演算子の時間に関する微分を取ると，次式を得る．

$$i\frac{\partial \hat{U}(t,t_0)}{\partial t} = e^{i\hat{H}_0(t-t_0)} (\hat{H} - \hat{H}_0) e^{-i\hat{H}(t-t_0)} = \hat{H}_{\mathrm{I}} \hat{U}(t, t_0) \tag{6.36}$$

ここで，$\hat{H}_{\mathrm{I}} = \exp(i\hat{H}_0(t-t_0)) \hat{H}_{\mathrm{int}} \exp(-i\hat{H}_0(t-t_0)) = \int d^3x \, \lambda \hat{\varphi}_{\mathrm{I}}^4/(4!)$ である．この式を積分するために，前章で式(5.15)を扱った際と同様の技法を用いることにする．得られる結果は，径路順序化指数関数の代わりに，時間順序化指数関数になる．

$$\begin{aligned} U(t, t_0) &= T\left(\exp\left[-i \int_{t_0}^{t} dt' \hat{H}_{\mathrm{I}}(t') \right] \right) \\ &\equiv 1 + (-i)\int_{t_0}^{t} dt_1 \hat{H}_{\mathrm{I}}(t_1) + \frac{(-i)^2}{2!} \int_{t_0}^{t} dt_1 \int_{t_0}^{t} dt_2 \, T\left(\hat{H}_{\mathrm{I}}(t_1) \hat{H}_{\mathrm{I}}(t_2) \right) + \cdots \end{aligned} \tag{6.37}$$

これは，Dyson（ダイソン）の公式として知られる．

ここから，相互作用を持つ系の真空状態は，相互作用のない自由な理論の真空状態とは異なるという事実を扱う必要がある．煩雑さを避けるために，ここではこの問題を詳しく論じることは行わない．詳細について知りたい読者は，たとえば本節でも参考にしている Peskin and Schroeder (1995) を見ればよい．注目すべき結果として，相互作用のある理論における真空期待値を，次式のように自由理論における真空期待値に関係づけることが可能である．

$$\langle \Omega | T(\hat{\varphi}(x)\hat{\varphi}(y)) | \Omega \rangle = \lim_{T^* \to \infty} \frac{\langle 0 | T\left(\hat{\varphi}_{\mathrm{I}}(x) \hat{\varphi}_{\mathrm{I}}(y) \exp\left[-i \int_{-T^*}^{T^*} dt \, \hat{H}_{\mathrm{I}}(t) \right] \right) | 0 \rangle}{\langle 0 | T\left(\exp\left[-i \int_{-T^*}^{T^*} dt \, H_{\mathrm{I}}(t) \right] \right) | 0 \rangle} \tag{6.38}$$

ここで T^* は小さい虚部を持つことが仮定されており,$T^* \to \infty(1-i\epsilon)$ である.

これで,相互作用のある系における 2 点相関関数の計算が,次の形の計算に帰着することが分かった.

$$\langle 0|T(\hat{\varphi}_\mathrm{I}(x_1)\hat{\varphi}_\mathrm{I}(x_2)\cdots\hat{\varphi}_\mathrm{I}(x_n))|0\rangle \tag{6.39}$$

このような式を扱うために,通常は,これを自由な伝播関数によって分割展開してゆく手続きが用いられるが,それはWick(ウィック)の定理に従う手続きである.この定理について論じる前に,演算子積に関する 2 つの定義を導入しておく必要がある.第 1 に,正規順序化 (normal ordering) がある.複数の生成演算子と消滅演算子から成る演算子積が与えられたとして,その積を,すべての生成演算子がすべての消滅演算子の左側に来るように並べ替えることを正規順序化と称する.場の演算子を,正の振動数を持つ部分と,負の振動数を持つ部分に分割することを考えよう[6]).すなわち $\hat{\varphi}_\mathrm{I}(x) = \hat{\varphi}_\mathrm{I}^+(x) + \hat{\varphi}_\mathrm{I}^-(x)$ と置き,

$$\hat{\varphi}_\mathrm{I}^+(x) = \int \frac{d^3p}{(2\pi)^3}\frac{1}{\sqrt{2E_{\vec{p}}}}\hat{a}_{\vec{p}}\, e^{ip\cdot x},\quad \hat{\varphi}_\mathrm{I}^-(x) = \int \frac{d^3p}{(2\pi)^3}\frac{1}{\sqrt{2E_{\vec{p}}}}\hat{a}_{\vec{p}}^\dagger\, e^{-ip\cdot x} \tag{6.40}$$

と定義する.そして,2 つの場の正規順序化積 (normal ordered product) を,次のように規定する.

$$N(\hat{\varphi}_\mathrm{I}(x)\hat{\varphi}_\mathrm{I}(y)) = \hat{\varphi}_\mathrm{I}^+(x)\hat{\varphi}_\mathrm{I}^+(y) + \hat{\varphi}_\mathrm{I}^-(x)\hat{\varphi}_\mathrm{I}^+(y) + \hat{\varphi}_\mathrm{I}^-(y)\hat{\varphi}_\mathrm{I}^+(x) + \hat{\varphi}_\mathrm{I}^-(x)\hat{\varphi}_\mathrm{I}^-(y) \tag{6.41}$$

正規順序化積(正規積)の重要な性質は,消滅演算子を右側に移してあるので,その演算子積を,相互作用のない自由場の真空状態 $|0\rangle$ に作用させた結果が,確実にゼロになることである.

第 2 の定義は,2 つの場の縮約 (contraction) である.2 つの場の縮約とは,それら 2 つの場の時間順序化積の相互作用のない真空における期待値である.2 つの場として $\hat{\varphi}(x)$ と $\hat{\varphi}(y)$ を考えるならば,それらの縮約は Feynman 伝播関数にあたる.2 つの場の縮約を,本書では $\langle\hat{\varphi}_\mathrm{I}(x)\hat{\varphi}_\mathrm{I}(y)\rangle$ と記すことにする.

Wick の定理は,有限個数の演算子の時間順序化積が,そこに 0 個,1 個,2 個,… の縮約を作って,残りの演算子を正規順序化したものの総和に等しい,という定理である.これを具体的に見るために,4 個の場の積の例について示してみる(添字 I は省略する).

---

[6]) '正' の振動数と '負' の振動数の定義は,エネルギーが $E = i\partial/\partial t$ によって与えられ,正の振動数が正のエネルギーに対応するということから決まる.

6.3. 量子場の相互作用と発散

$$
\begin{aligned}
&T\big(\hat{\varphi}(x_1)\hat{\varphi}(x_2)\hat{\varphi}(x_3)\hat{\varphi}(x_4)\big) \\
&= N\big(\hat{\varphi}(x_1)\hat{\varphi}(x_2)\hat{\varphi}(x_3)\hat{\varphi}(x_4)\big) \\
&\quad + \langle\hat{\varphi}(x_1)\hat{\varphi}(x_2)\rangle N\big(\hat{\varphi}(x_3)\hat{\varphi}(x_4)\big) + \langle\hat{\varphi}(x_1)\hat{\varphi}(x_3)\rangle N\big(\hat{\varphi}(x_2)\hat{\varphi}(x_4)\big) \\
&\quad + \langle\hat{\varphi}(x_1)\hat{\varphi}(x_4)\rangle N\big(\hat{\varphi}(x_2)\hat{\varphi}(x_3)\big) + \langle\hat{\varphi}(x_2)\hat{\varphi}(x_3)\rangle N\big(\hat{\varphi}(x_1)\hat{\varphi}(x_4)\big) \\
&\quad + \langle\hat{\varphi}(x_2)\hat{\varphi}(x_4)\rangle N\big(\hat{\varphi}(x_1)\hat{\varphi}(x_3)\big) + \langle\hat{\varphi}(x_3)\hat{\varphi}(x_4)\rangle N\big(\hat{\varphi}(x_1)\hat{\varphi}(x_2)\big) \\
&\quad + \langle\hat{\varphi}(x_1)\hat{\varphi}(x_2)\rangle\langle\hat{\varphi}(x_3)\hat{\varphi}(x_4)\rangle + \langle\hat{\varphi}(x_1)\hat{\varphi}(x_3)\rangle\langle\hat{\varphi}(x_2)\hat{\varphi}(x_4)\rangle \\
&\quad + \langle\hat{\varphi}(x_1)\hat{\varphi}(x_4)\rangle\langle\hat{\varphi}(x_2)\hat{\varphi}(x_3)\rangle
\end{aligned}
\tag{6.42}
$$

第1項は全体の正規積順序化積であり，それに続く6つの項は縮約をひとつ作った項であり，最後の3つの項は縮約を2つ作った項である．この定理は，帰納法によって証明される．一見，煩わしく見えるかもしれないが，この定理は実際的に極めて便利なものである．先ほど述べたように，正規順序化積は自由場の真空に作用させるとゼロになる．したがって，式(6.42)の左辺の真空期待値を計算したい場合，右辺における最後の3つの項だけが寄与を持つことになる．縮約がFeynman伝播関数であることを思い出すと，結局，次のようになる．

$$
\begin{aligned}
\langle 0|T\big(\hat{\varphi}(x_1)\hat{\varphi}(x_2)\hat{\varphi}(x_3)\hat{\varphi}(x_4)\big)|0\rangle &= D_F(x_1-x_2)D_F(x_3-x_4) \\
&\quad + D_F(x_1-x_3)D_F(x_2-x_4) \\
&\quad + D_F(x_1-x_4)D_F(x_2-x_3)
\end{aligned}
\tag{6.43}
$$

したがって，我々の関心の対象となる相互作用を持った系の伝播関数の式を，自由場の系におけるFeynman伝播関数の積を利用して書き直せることが分かった．Feynman伝播関数 $D_F(x-y)$ が，x において用意された粒子が y において検出される振幅であることを思い出すと，これを時空点 x と時空点 y を結ぶ線としてグラフ的に表現することができる．そこで，式(6.43)の恒等式の右辺を，図6.1のような図で表すことにする．このように，ある時空点において粒子が生成され，別の時空点まで伝播して，そこで消滅するような線を用いて表された図形的な表示は"Feynmanダイヤグラム"と呼ばれている．

ここまで我々は，一般的な場の積について調べてきた．元の目的に戻って，相互作用のある理論における伝播関数の計算を考えよう．このためには，Dysonの公式において見いだされるように，2つの場と時間発展演算子の積を考える必要がある．後者は結合定数の冪(べき)で展開することができる．よって，最初の非自明な寄与は，次のように与えられる．

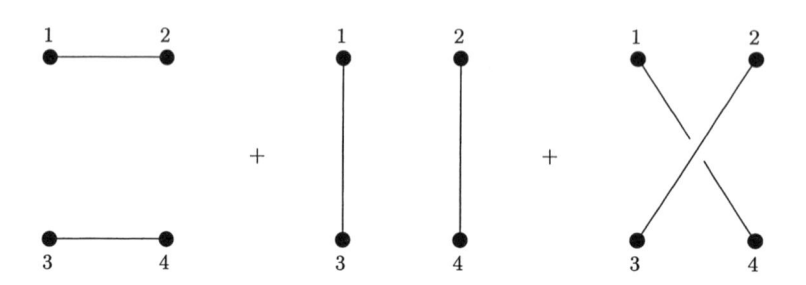

図 6.1 式 (6.43) の右辺の図的な表現. このような図は Feynman ダイヤグラムと呼ばれている.

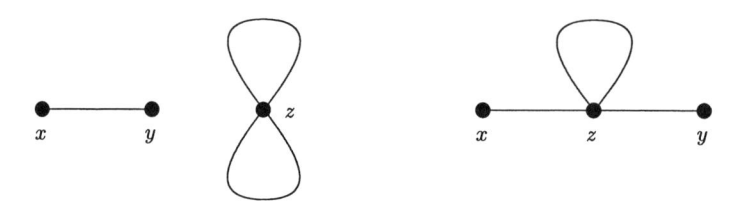

図 6.2 式 (6.44) の右辺を表す図. これは相互作用を持つ理論の伝播関数で，時間発展における最初の非自明な項に対応する.

$$\langle 0|T\left(\hat{\varphi}(x)\hat{\varphi}(y)(-i)\int dt\int d^3z\frac{\lambda}{4!}\hat{\varphi}^4(z)\right)|0\rangle$$
$$= -\frac{3i\lambda}{4!}D_{\mathrm{F}}(x-y)\int d^4z\, D_{\mathrm{F}}(z-z)^2 - 3i\lambda\int d^4z\, D_{\mathrm{F}}(x-z)D_{\mathrm{F}}(y-z)D_{\mathrm{F}}(z-z) \tag{6.44}$$

この式は，図 6.2 のダイヤグラムで表される．第 1 項に対応する図 6.2 の左側の図は，x から y へ伝播する粒子と，z において生成し消滅する "仮想粒子"（真空から生成されて，その後すぐに消滅する粒子）の対から成る．第 2 項に対応する右図では，x から y へ向かう粒子が，途中の点 z においてひとつの仮想粒子を生み出している．これは "おたまじゃくしのダイヤグラム" (tadpole diagram) として知られる．両方の項において $D_{\mathrm{F}}(z-z) = D_{\mathrm{F}}(0)$ が現れているが，これが問題を引き起こす．この因子は，

$$D_{\mathrm{F}}(0) = \int\frac{dp^4}{(2\pi)^4}\frac{-i}{p^2+m^2-i\epsilon} \tag{6.45}$$

という積分に対応するが，運動量 p が大きいところで発散することは明らかである．これは場の量子論の "紫外発散" (ultraviolet divergence) と呼ばれている．ここから最終的に，"繰り込み可能性" (renormalizability) という概念に導かれることになる．

6.4　繰り込み可能性

前節で論じたように，相互作用を持つ場の理論においては，伝播関数の展開に発散が現れる．実際，先ほど示した2つの項は，両方とも発散する．但し，第1項の方は，相互作用を持つ系の真空状態が自由な系の真空状態とは異なるということ(前節でこれを無視したのである)を考慮すれば，発散が相殺されて問題は生じない(式(6.38)全体を，分母も含めて計算すればよい)．よって，この項のことは無視する．しかしながら，真空を適正に扱ったとしても，おたまじゃくしダイヤグラムからの発散は残る．さらに悪いことに，摂動計算に高次の項までを含めてゆくと，おたまじゃくしはどんどん増殖する．このような場面の考察において，Feynmanダイヤグラムの美しさが効力を発揮する．ダイヤグラムの可能な構造を調べることによって，様々な補正がどのように起こるかを予言することができるのである．ダイヤグラムの例を図6.3に示す．異なる点を結んでいる直線は，有限値を与えるFeynman伝播関数 D_F に対応する．閉じたループは $D_\text{F}(0)$ に対応し，発散を引き起こす．模式的に書くと，結局，次のような無限級数が得られることになる．

$$D_\text{F} + D_\text{F} D_\text{F}(0) D_\text{F} + D_\text{F} D_\text{F}(0) D_\text{F} D_\text{F}(0) D_\text{F} + \cdots \tag{6.46}$$

$$= D_\text{F} \left(1 + D_\text{F}(0) D_\text{F} + (D_\text{F}(0) D_\text{F})^2 + \cdots \right) \tag{6.47}$$

$$= D_\text{F} \frac{1}{1 - D_\text{F}(0) D_\text{F}} = \frac{1}{p^2 + m^2} \left[\frac{1}{1 - \dfrac{D_\text{F}(0)}{p^2 + m^2}} \right] = \frac{1}{p^2 + m^2 - D_\text{F}(0)} \tag{6.48}$$

ここでは大雑把な筋道だけを示したけれども，実際には注意深い計算が必要である．最終的な結果を見ると，この相互作用を持つ場の理論において，すべてのおたまじゃくしダイヤグラムからの伝播関数への寄与は，自由な場の理論における質量を $m^2 \to m^2 - D_\text{F}(0)$ のように補正する効果に集約されることが分かる(但し補正量は無限大である)．このことが，繰り込み(renormalization)の概念につながる．我々が最初，ラグランジアンに現れる質量を，物理的な実験によって測定される粒子の質量そのものと考えたとすれば，それは考え方が単純に過ぎたのである．ラグランジアン

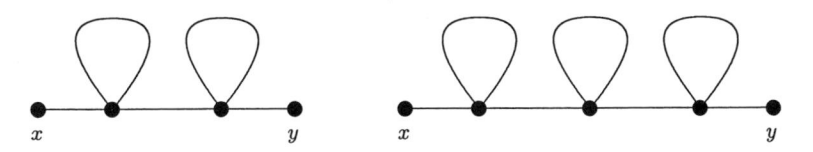

図6.3 高次の摂動に現れるおたまじゃくしダイヤグラムの例．

に現れる質量値は"裸の"(bare)値と呼ばれる．そして，相互作用がある理論において，測定値として予言されるのは，相互作用の影響を"繰り込まれた"値，すなわち"衣をまとった"(dressed)値にあたる $m^2 - D_F(0)$ なのである．ということは，逆に考えて辻褄をあわせるならば，元々ラグランジアンに現れる質量パラメーターが発散しており，観測される質量は，相互作用の効果によって元々の発散が打ち消されて有限値になっている，ということになる．

この時点で，読者は上述の話に対して懐疑の念を覚えるかもしれない．本来，おたまじゃくしは氷山の一角を占めるにすぎないもののはずである．閉じた線を持つダイヤグラムは，単純なおたまじゃくし以外にも，いろいろ考えることができ，それらすべてから発散が生じる．上述の例では，パラメーターとして，質量だけに発散を吸収させたが，他の種類の発散は何処に吸収させればよいのだろう？ 驚くべきことに，調べてみると，上で述べた質量の繰り込みと併せて結合定数と波動関数にも繰り込み処方を施せば，この理論（$\lambda\varphi^4$ 理論）に関してはすべての発散が相殺されて，問題が解消することが判明するのである．

しかしながら，重力理論のような理論では，結合定数が単位を持っており，状況は劇的に悪化する．自然単位系において，Newton定数は長さの自乗の単位を持つ．たとえば，重力理論を摂動論的に扱うことを考えて，計量が平坦な項とそれに対する摂動の和の形で $g_{\mu\nu} = \eta_{\mu\nu} + h_{\mu\nu}$ と書けるものと仮定しよう（$|h_{\mu\nu}| \ll 1$）．第3章で論じた一般相対性理論に関する作用汎関数は，曲率スカラーを含む量の積分として与えられる．

$$S = \frac{1}{16\pi G}\int d^4x \sqrt{-\det g}\, R \tag{6.49}$$

ここからEinstein方程式を導く方法については，Carroll (2003)を参照されたい．模式的に，この曲率を，計量の微分を含む項（2階微分もしくは1階微分の自乗）と計量の2次の項に展開するならば，次のような形の式を得ることになる．

$$S = \frac{1}{16\pi G}\int d^4x \left[(\partial h)^2 + (\partial h)^2 h + \cdots\right] \tag{6.50}$$

我々が本章で展開したスカラー場の定式化との比較を考えるために，注意を向けるべき点がひとつある．それはスカラー場が長さの逆数の単位を持つのに対し，h が無単位であるという事実である．このことを確認するために，計量の摂動場に対して $h = \sqrt{G}\tilde{h}$ という尺度変換を施してみる．

$$S = \frac{1}{16\pi}\int d^4x \left[(\partial \tilde{h})^2 + \sqrt{G}(\partial \tilde{h})^2 \tilde{h} + \cdots\right] \tag{6.51}$$

この作用汎関数において，"自由な理論"の項と，$\sqrt{G}$ を結合定数とする"相互作用"の項を見て取ることができる．自由な理論の部分は線形で対称な無質量テンソル場を

記述し，スピン2を持つ粒子である"重力子"(graviton)に対応する．そのような理論は自由度を2つ持っており，Maxwell理論における電磁波と同様に，重力波にも2つの"偏極"状態がある．ここでの結合定数は長さの単位を持つので，摂動の次数を上げてゆくと，単位の整合を保つために，被積分関数の分子に，摂動次数に応じて運動量因子を増やしてゆかなければならない．よって，摂動次数が上がると，それぞれの積分がますます強く発散するようになり，状況は $\lambda \varphi^4$ 理論の場合とは全く違ったものになる．結局のところ，重力場の量子論は繰り込み不可能ということになり，予言能力を持たない．発散を相殺できる唯一の手段は，裸のラグランジアンに対して，新たな無限個の項を加えるという方法である．Stelle (1977) は作用において曲率の2次の項を含めると，得られる理論に繰り込みを施すことが可能であることを示した．しかし残念ながら，古典論の水準で，曲率の高次の冪を含めた理論には色々な問題が生じることが既に分かっており，このような手法が問題の解決になるとは考えられない．Stelleの提案を棄てるならば，発散項を手でひとつひとつ退治してゆくしかない．これらの項の大部分は低エネルギーにおいて重要ではないので，摂動的な量子重力理論は，低エネルギーにおける有効理論としては意味を持つ（たとえばDonoghue (1994)を参照）．しかしながら高エネルギーにおいて，よい処方は見当たらない．これが摂動的量子重力理論の難点であり，新たな考え方が必要とされる理由になっている．

ここで述べた議論は皮相的なものにすぎない．摂動的量子重力に関して，より詳しいけれども充分に読みやすい議論が，最近のWoodard (2009) のレビュー論文において与えられている．

本章の最後のコメントは，人々の関心を集めた一連のアイデアと関係している"漸近安全性 (asymptotic safety) の筋書き"と呼ばれる概念についてである．この概念は最初，Weinberg (1979) によって導入された．全体的な議論を行うためには，繰り込み群の知識が必要であり，その内容は本書で扱える範囲を超える．しかしながら，Woodardが示した単純な例によって，その意図するところについて，いくらか照明をあてることができる．既に述べたように，一般相対性理論のような量子場の繰り込みが不可能な理論においては，発散を相殺するために，原理的には作用汎関数に無限個の相殺項を加える必要があり，そのような事情から理論としての予言能力を欠くことになる．漸近安全性の背後にある概念は，無限個の相殺項が何らかの方法で組み合わされて，理論からの予言が可能になるかもしれない，ということである．作用の式に現れる相殺項は，結合定数が長さの単位を持つことに対して，単位の整合性を保つために，計量の高階導関数を含む．Woodardが導入した例は，高階の項を加えた調和振動子のラグランジアンである．

$$L = \frac{m}{2}\dot{q}^2 - \frac{m\omega^2}{2}q^2 - \frac{gm}{2\omega^2}\ddot{q}^2 \tag{6.52}$$

g は結合定数である．このような作用からは，2階よりも高階の運動方程式が導かれ，$q(0)$ と $\dot{q}(0)$ だけから軌道を決定することはできない．つまり理論において，新たな自由度が生じている．したがって，この理論は，通常の初期データを与えられても「予言能力を持たない」ことになる．ここで，結合定数が小さいものと仮定して，作用の式における余分の項を摂動として扱い，運動方程式の摂動解を考察する．

$$q(t) = \sum_{n=0}^{\infty} g^n x_n(t) \tag{6.53}$$

これを運動方程式に代入して，g に関する冪(べき)の同じ次数を見てゆくと，

$$\ddot{x}_0 + \omega^2 x_0 = 0 \tag{6.54}$$

$$\ddot{x}_1 + \omega^2 x_1 = -\frac{1}{\omega^2}\frac{d^4 x_0}{dt^4} \tag{6.55}$$

$$\ddot{x}_2 + \omega^2 x_2 = -\frac{1}{\omega^2}\frac{d^4 x_1}{dt^4} \tag{6.56}$$

のように，順次，方程式が得られる．高階微分の項は源として現れ，ゼロ次の式には現れない．$q_0(0)$ と $\dot{q}_0(0)$ が与えられれば，系の積分を実行できる．実際に一連の方程式を正確に解いて，それらによって摂動級数を構築すると，次のような結果が得られる．

$$q = q_0 \cos(k_+ t) + \frac{\dot{q}_0}{k_+}\sin(k_+ t) \tag{6.57}$$

ここで $k_+ = \omega\sqrt{1-\sqrt{1-4g}}/\sqrt{2g}$ である．得られた関数の形は，余分の項がない場合と同じであることに注意してもらいたい．相殺項が存在することの影響は，角振動数を ω から k_+ へずらしたことである．ここに予言能力の欠落はない．

漸近安全性の予想は，これと似たような状況が一般相対性理論においても起こり，無限個の相殺項の効果が，有限個の裸のパラメーターの再定義，すなわちNewton定数と宇宙定数の再定義によって吸収されるのではないか，ということである．最近になって，このような線に沿った進展が見られたが，ここから量子重力理論として存立可能なものが導けるかどうかについて，一般的な合意は成立していない(Lauscher and Reuter (2002, 2005), Percacci (2006) を参照)．

関連文献について

我々は，広大な場の量子論の分野の中から，ほとんど無限小の部分を紹介したにすぎない．Peskin and Schroeder (1995) は，大変よい入門書であり，本章の記述でも

この文献を基礎に置いた．Woodard (2009) も，摂動的量子重力の問題について特別に明快な解説をしており，いくつかの有用な類例にも言及してある．

問 題

1. 式 (6.28) が成立することを示せ．
2. Wick の定理を証明せよ．
3. 式 (6.44) を導出せよ．
4. 式 (6.26) を通じて同時刻交換子を計算するとゼロになることを示せ．
5. 式 (6.25) を証明せよ．

第 7 章　Ashtekar変数を用いた一般相対性理論

7.1　正準重力

　一般相対性理論のハミルトニアン形式による定式化の詳細な取扱いは，本書の想定の範囲外である．ここでは，それが 50 年以上の年月を要したことを述べておけば充分であろう．それは Maxwell 理論に対して行った取扱いと劇的に異なるようなものではないのだが，必要とされる計算が遥かに複雑である．本節では，そのような定式化におけるいくつかの要点を概観するにとどめる．

　一般相対性理論の作用汎関数は，曲率スカラーと，計量の行列式に負号を付けた量の平方根との積を，時空において積分することによって与えられる．その被積分関数は Einstein-Hilbert ラグランジアン密度として知られる．

$$S = \frac{1}{16\pi G} \int d^4 x \sqrt{-\det(g)}\, R \tag{7.1}$$

曲率の式を注意深く調べると，計量の g^{00} 成分と g^{0i} 成分は，時間微分を伴わない形で現れるという結論に到達する．したがって，これらは Lagrange の未定係数であって，3.6 節で導入した"経時"（ラプス）N と"変位"（シフト）N^i に，$g^{00} = 1/N^2$ および $g^{0i} = N^i/N^2$ のように関係づけられる．計量の空間成分 g^{ij} は配位変数になる．これらの計量の成分に対する正準共役運動量 $\tilde{\pi}_{ij}$（一般に曲った時空を扱うので，密度を表すチルダ記号を付けておく）は，"外部曲率"として知られるテンソルに関係づけられる．この外部曲率という量は，断面空間が時空の中でどのように曲っているかを特徴づけるために 3.6 節で導入しておいたものである（式(3.24)）．

　Maxwell 理論の場合と同様に，Lagrange の未定係数は拘束条件に関係している．実際には，パラメーター付けを施した粒子の例のところで予想したように，この理論の全ハミルトニアンは，単なる拘束条件の組合せになる．変位（シフト）に関係する拘束条件は，ひとつのベクトルを形成する．そのベクトルが生成する"流れ"は，空間的な微分同相写像に関係する．すなわち，それは一般相対性理論が空間座標変換の下で不変であるという事実を表しているのである．経時（ラプス）に関係する拘束条件（通常，ハミルトニアン拘束，もしくは超ハミルトニアン拘束と呼ばれる）は，3+1 分解における断面空間をどのように変形させても理論が不変であることを表している．このことは，力学的

な粒子の例において示した時間パラメーターの付け替え不変性と似ているが，ここでは空間の各点において時間のパラメーター付けを変更できるので，その結果は4次元時空の中で設定する3次元空間の断面の変形に関する不変性ということになる．したがって，この理論には6個の配位自由度 (g^{ij} は対称な 3×3 行列である) と，4個の拘束条件があり，結果的にはちょうど Maxwell 理論と同じように2個の自由度が残る．

7.2　Ashtekar変数：古典論

Ashtekar (1986) は，一般相対性理論を正準形式で記述するために，前節とは異なる新しい変数の組を導入した．Ashtekar変数のうちの半分は，第3章で論じた加重化された3脚場 $\tilde{E}_i^a$ である．残りの半分の変数 A_a^i は，$SU(2)$ Yang-Mills接続のように振舞い，配位変数を構成する．3脚場は，それらに対して正準共役な運動量となる．

$$\{A_a^i(x), \tilde{E}_j^b(y)\} = 8\pi G\beta \delta_b^a \delta_j^i \delta^3(x-y) \tag{7.2}$$

G は Newton 定数である．β は "Barbero-Immirzi パラメーター" として知られる定数である．この定数は原理的に，ゼロ以外の任意の値 (複素数でもよい) を取ることができ，このことは本質的には Ashtekar 変数として，1 パラメーターの組だけが存在することを含意する．異なる変数の組を用いても，得られる古典理論は何れも同じものであり，単にそれを記述するために用いる正準座標を変更しているということに過ぎない．それらは正準力学の術語で言えば，変数の "正準変換" (canonical transformation) によって関係づけられる．

これらの変数は，重力とどのように関係するだろうか？　第3章で論じたように，+1に加重化した3脚場を用いて，断面空間における計量を再構築することができる (式(3.36))．

$$\tilde{\tilde{q}}^{ab} = \det(q) q^{ab} = \tilde{E}_i^a \tilde{E}_j^b \delta^{ij} \tag{7.3}$$

Ashtekar接続 A_a^i は，断面空間のスピン接続 Γ_{aij} (p.42) と外部曲率 K_{ab} (式(3.24)) を用いて再構築できる．外部曲率は，前にも言及したように，時空において3次元計量がどのように発展するかということを表す．これらの関係は，

$$A_a^i = \Gamma_a^i + \beta K_a^i \tag{7.4}$$

と与えられる．ここで $\Gamma_a^i = \Gamma_{ajk}\epsilon^{jki}$，$K_a^i = K_{ab}\tilde{E}^{bi}/\sqrt{\det(q)}$ である．

上述の変数を用いると，一般相対性理論のラグランジアンは，次のように表される．

$$L = \frac{1}{8\pi G\beta}\int d^3x \left(\tilde{E}_i^a \dot{A}_a^i + \underline{N}\epsilon_{ijk}\tilde{E}_i^a \tilde{E}_j^b F_{ab}^k + N^a \tilde{E}_i^b F_{ab}^i + \lambda^i (D_a \tilde{E}^a)^i\right) \tag{7.5}$$

7.2. Ashtekar変数：古典論

式(7.1)からこのラグランジアンを導くのは骨の折れる作業であるが，その過程は以下の議論に必要ではないので，詳細をここで論じることはしない．特に指摘しておくべき点は，我々はLagrangeの未定係数の定義において，Nに計量の行列式の平方根の因子を吸収させて，これを加重度 -1 の量に変更し，併せて因子 β もひとつ吸収させたことである[1]．そして，ここでは仮に $\beta = i$ と設定しておくが，この点については後から論じることにする．

書き直された作用の式は，$\tilde{E}^a_i$ と A^i_a が正準共役変数の組で，経時 $\underset{\sim}{N}$ （ラプス）と変位 N^a （シフト）とゲージパラメーター λ^i がLagrangeの未定係数であることが明白な形になっている．この理論は，これらの未定係数に関係する7個の拘束条件を持っている．自由度を考えると，A^i_a には9個の配位自由度があり，そこに7個の拘束条件が課されるので，残される自由度の数はMaxwell理論の場合と同じで2個である．

拘束条件の第1の組は，真空中のGaussの法則そのものである．

$$\mathcal{G}^i = D_a \tilde{E}^a_i = 0 \tag{7.6}$$

次の拘束条件の組は，"運動量拘束"(momentum constraint) もしくは "ベクトル拘束"(vector constraint) と呼ばれるものである．

$$V_a = \tilde{E}^b_i F^i_{ab} = 0 \tag{7.7}$$

最後の拘束条件は，"ハミルトニアン拘束"(Hamiltonian constraint) である．

$$H = \epsilon_{ijk} \tilde{E}^a_i \tilde{E}^b_j F^k_{ab} = 0 \tag{7.8}$$

理論の全ハミルトニアンは，これらの拘束条件の式の線形結合として与えられる[§]．拘束条件から，その軌道を調べることができる．Gaussの法則は，第5章で論じたYang-Mills理論の場合と同様に $su(2)$ ゲージ変換を生成する．運動量拘束は，空間的な微分同相写像に関係する軌道を生成する．ここで "関係する"(related) という表現を入れたのは，ここにはゲージ変換も混ざっているからである．純粋に微分同相写像を

---

[1] 規格化について，関連文献において共通の流儀は存在しておらず，その選択をあまり明確に示していない文献もある．一部の人々は，加重度化した3脚場の定義式(3.35)に因子 $8\pi G\beta$ を含める方法を選んでいる．このようにすると，基本的なPoisson括弧の式(7.2)が，単純にデルタ関数だけに比例する見やすい形になる．しかし因子 $8\pi G\beta$ は，他の様々な方程式にも顔を出す．多数の人々は，単にこの因子を無視しているように見受けられるが（あるいは $8\pi G\beta = 1$ と置いている），この措置は物質との結合を考える際に混乱を引き起こす可能性もある．因子 β を再吸収させることによって，我々の拘束条件は，単にその因子を無視している論文の拘束条件に似たものになっている．

[§] (訳註) ここでは，Yang-Mills理論の結合定数 g にあたる因子を1と置く．たとえば，$F^i_{ab} = \partial_a A^i_b - \partial_b A^i_a + \epsilon^{ijk} A^j_a A^k_b$ (式(5.7)参照)．D_a の定義 (式(5.3*)参照) からも同様に g を省く．Thiemann (2008) の4.2節を参照されたい．

生成したいのであれば，運動量拘束と Gauss の法則の線形結合を考える必要がある．
そのような拘束条件は"微分同相拘束" (diffeomorphism constraint) と呼ばれる．

$$C_a = V_a - A_a^i (D_b \tilde{E}_i^b) \tag{7.9}$$

もちろん，拘束条件同士を線形結合させることは自由に行ってよい．この拘束条件が微分同相写像を生成することを見るためには，前に見た例と同様に，不鮮明化を施すと都合がよいが，ここでは不鮮明化を試験ベクトル場 $\vec{N}$ を用いて $C(\vec{N}) \equiv \int d^3x\, N^a C_a$ のように行う．このような微分同相拘束と，正準共役変数の関数 $f(\tilde{E}, A)$ の Poisson 括弧を計算すると，次のようになる．

$$\{C(\vec{N}), f(\tilde{E}, A)\} \sim \mathcal{L}_{\vec{N}} f \tag{7.10}$$

つまり，この拘束条件から生成される"軌道"は，ベクトル N^a に沿った Lie 微分にあたる (比例係数は規格化の選び方に依る)．

ハミルトニアン拘束は，x 座標の第ゼロ成分による"時間発展"を生成する．作用汎関数はこの座標 (およびその他すべての座標) のパラメーターの付け替えの下で不変なので，この"時間発展"は現実のものではない．一般相対性理論は，第 4 章の末尾で論じた単純な例と同様に，完全拘束系である．一般相対性理論の全ハミルトニアンは，拘束条件の式と Lagrange の未定係数の積の線形結合の形で与えられる．

$$H_T = \int d^3x \left(\underline{N} \epsilon_{ijk} \tilde{E}_i^a \tilde{E}_j^b F_{ab}^k + N^a \tilde{E}_i^b F_{ab}^i + \lambda^i (D_a \tilde{E}^a)^i \right) \tag{7.11}$$

この全ハミルトニアンから Hamilton の運動方程式を導くと，それは確かに通常の Einstein 方程式になる．しかしながら，ハミルトニアン形式の取扱いから得られる洞察は，この理論における真の"力学"を，ひとつの任意パラメーター x^0 (もしくは t) に関する発展によって捉えることができないということである[§]．この理論において観測可能量を構築するためには，このことに付随する困難を甘受しなければならない．ハミルトニアン拘束が，正準変数に関して明確な幾何学的作用を持たないことは，我々が時空を空間と時間に分けたことを考えれば，驚くにはあたらない．ハミルトニアン拘束を不鮮明化して，正準変数との Poisson 括弧を作ると，微分同相拘束の場合とは違って，幾何学的に明瞭な意味を持たない式を得ることになる．

一般相対性理論の (拘束のない) 相空間を，Ashtekar の新しい変数を用いて書くと，拘束のない Yang-Mills 理論の相空間と一致することに注意してもらいたい．一般相

[§] (訳註) 4.4 節の単純な自由粒子系の例とは違って，ここでのハミルトニアン拘束 (7.8) は時間のパラメーター付け $T(t)$ のようなものがあらわに見えない形をしているが，Ashtekar 変数の導入自体が，断面空間の導入の仕方の任意性に伴って，全空間における時間パラメーターを，より複雑な形で付け替え得る自由度を含意しているわけである．3.6-3.7 節と式 (7.4) を参照．

7.2. Ashtekar変数：古典論

対性理論のことを，Gaussの法則の他に4つの拘束条件が加わり，全ハミルトニアンがゼロになるような別種のYang-Mills理論と捉えることができる．もちろん両者には深遠な違いがあり，一般相対性理論の力学とYang-Mills理論の力学は全く異なるものである．したがって，Yang-Mills理論を扱うために用いられた技法をすべてそのまま一般相対性理論に応用できないことは明白である．しかしながら，有用な技法もいくつか見いだされる．

既に言及したように，上述のハミルトニアンの表式は，Barbero-Immirziパラメーターを $\beta = i$ と選んだ場合のものである．これは元々Ashtekarが1986年に採用した選択である．この選択には，式が簡単になるという利点があるけれども，諸変数が複素数になるという問題もある．この理論を量子化する際には，複素数の一般相対性理論を構築しているのではなく，実数の一般相対性理論を再現しているということの確認のために苦労を強いられる．両者は劇的に異なる理論である．最近の解析により，β を実数に選んだ場合でも，それに伴う余計な複雑さに対処できることが示された．本質的に，概ねすべての面で変更はないが，ハミルトニアン拘束だけが次のように置き換わる (Barbero (1995))．

$$H = \epsilon_{ijk}\tilde{E}_i^a\tilde{E}_j^b F_{ab}^k + 2\frac{(\beta^2+1)}{\beta^2}(\tilde{E}_i^a\tilde{E}_j^b - \tilde{E}_j^a\tilde{E}_i^b)(A_a^i - \Gamma_a^i)(A_b^j - \Gamma_b^j) = 0 \tag{7.12}$$

一見すると，第2項 ($\beta = i$ と置くとゼロになる) は難解に見える．Γ_a^i が含まれているが，これは加重度化された3脚場（トライアド）との間に非多項式の複雑な関係を持っており，したがって量子化の際に困難を生じるように思われる．しかし現在では，そのような項を成功裡に扱う技法も導入されている．我々は後からハミルトニアン拘束のループ表現を論じる際に，このような項を扱う方法について短い言及を行うが，本書ではその手続きの大部分を省略する．

多くの拘束条件を持つ理論を扱うときに，まず考察が必要となるのは，"拘束代数" (constraint algebra) 問題である．ここで扱う拘束条件は，系の発展 (流れ) の下で保持される．よって拘束条件の式と，全ハミルトニアンのPoisson括弧はゼロでなければならない．一般相対性理論の全ハミルトニアンは，拘束条件の線形結合として与えられる．このことは各拘束条件の間のPoisson括弧もゼロでなければならないこと (少なくとも拘束条件に比例すること) を意味する．Diracの言い方に従えば，一般相対性理論の拘束条件は"第1類" (first class) である．すなわち拘束条件同士のPoisson括弧を取ると，拘束条件の線形結合が得られるような拘束条件だということである．その代数を調べるために，先ほど示した微分同相拘束の試験ベクトル場による不鮮明化 $C(\vec{N})$ と，Yang-Mills理論について行ったのと同様の内部添字を持つ関

数 λ^i による Gauss の法則の不鮮明化 $G(\lambda)$ に加えて,ハミルトニアン拘束をスカラー関数 N で不鮮明化したものが必要となる[2]。

$$H(N) = \int d^3x\, N\, \frac{\tilde{E}^{ai}\tilde{E}^{bj}F_{ab}^k \epsilon_{ijk}}{\sqrt{\det(q)}} \tag{7.13}$$

多様体上での積分ができるように,被積分関数の加重度を $+1$ にしておく必要があるので,$\sqrt{\det(q)}$ による除算が施されている.ここまでに示した不鮮明化した拘束条件によれば,まず Gauss の法則同士の拘束代数は,次のようになる.

$$\{G(\lambda), G(\mu)\} = G([\lambda,\mu]) \tag{7.14}$$

ここで $[\lambda,\mu]^i \equiv \lambda_j \mu_k \epsilon^{ijk}$ である.したがって,異なる不鮮明化を施した Gauss の法則同士の"交換子"は,不鮮明化関数同士の交換子(内部空間外積)によって評価した単一の Gauss の法則と等価である.微分同相拘束同士の代数は,次のようになる.

$$\{C(\vec{N}), C(\vec{M})\} = C(\mathcal{L}_{\vec{N}} \vec{M}) \tag{7.15}$$

つまり,ひとつの微分同相拘束の,もうひとつの微分同相拘束への影響は,「不鮮明化関数をずらす」ことである.何故こうなるのか? 不鮮明化関数は試験場であり,正準変数の関数ではない.したがって微分同相拘束は,不鮮明化関数の微分同相変換を生成しない.その他のすべてのものにおいて,微分同相変換が生成される.よってそれは,他のものすべてを固定したまま,不鮮明化関数をずらすことと等価なのである.このことから,微分同相拘束の Gauss の法則への作用を即座に計算できる.

$$\{C(\vec{N}), G(\lambda)\} = G(\mathcal{L}_{\vec{N}} \lambda) \tag{7.16}$$

ここでも,試験場 λ^i 以外のすべてのものがずらされるので,それはすべてのものが固定されていて試験場がずれたことと等価である.Gauss の法則とハミルトニアン拘束の Poisson 括弧はゼロになる.微分同相拘束とハミルトニアン拘束の Poisson 括弧は,不鮮明化関数のずれたハミルトニアン拘束を与える.

$$\{C(\vec{N}), H(M)\} = H(\mathcal{L}_{\vec{N}} M) \tag{7.17}$$

最後に,ハミルトニアン拘束同士の Poisson 括弧を調べると,結果は微分同相拘束になる.

$$\{H(N), H(M)\} = C(\vec{K}) \tag{7.18}$$

---

[2] ここでは不鮮明化のためのスカラー関数について,前に選んだ加重度 -1 とは違った選択をする.行列式を分母に含めるこの形の拘束条件は,量子化に適したものになる.このことは次章で見る予定である.

右辺における不鮮明化ベクトルは，$K^a = \tilde{E}_i^a \tilde{E}^{bi}(N\partial_b M - M\partial_b N)/(\det(q))$ と与えられる．この K^a が，単に不鮮明化関数の導関数の組合せによって与えられるのではなく，正準変数も含んでいることに注意してもらいたい．このことは，2つのハミルトニアン拘束の Poisson 括弧は微分同相拘束に比例するけれども，その比例係数が正準変数に依存するということを意味する．これは，他の組合せの Poisson 括弧には見られない性質である．量子化の際に，正準変数は演算子へと移行させなければならず，この Poisson 括弧と拘束条件の線形結合を比例させる部分には問題が生じる．

7.3 物質との結合

第9章では，物質と結合する理論，特にスカラー場と結合する理論を考察する必要が生じるので，その方法について考察しておくことにしよう．第6章で論じたように，平坦な時空におけるスカラー場のラグランジアンは $L = -\int d^3x \left(\partial_\mu \varphi \partial^\mu \varphi + V(\varphi) \right)$ である．曲った時空においては，その体積要素における計量と，その行列式への依存性を明示にする必要があるので，作用の式は，次のようになるであろう．

$$S = \int d^4x \left(-g^{\mu\nu} \partial_\mu \varphi \partial_\nu \varphi - V(\varphi) \right) \sqrt{-\det(g)} \tag{7.19}$$

スカラー場に共役な正準運動量を，常套的に $\tilde{\pi} = \delta L/\delta \dot{\varphi}$ と定義すると，ハミルトニアンは次のように修正される (式(6.14)参照)．

$$H = \int d^3x \left\{ N \left(\frac{\tilde{\pi}^2}{\sqrt{\det(q)}} + \sqrt{\det(q)} \left(q^{ab} \partial_a \varphi \partial_b \varphi + V(\varphi) \right) \right) + N^a \tilde{\pi} \partial_a \varphi \right\} \tag{7.20}$$

N は経時(ラプス)，N^a は変位(シフト)である．このハミルトニアンを，Ashtekar 変数を直接に用いるように書き直す．

$$H = \int d^3x \left\{ \frac{N}{\sqrt{\det(q)}} \left(\tilde{\pi}^2 + \tilde{E}_i^a \tilde{E}^{bi} \partial_a \varphi \partial_b \varphi + \det(q) V(\varphi) \right) + N^a \tilde{\pi} \partial_a \varphi \right\} \tag{7.21}$$

ここから，スカラー場の微分同相拘束およびハミルトニアン拘束への寄与を読み取ることができる．

$$C(\vec{N})_\varphi = \int d^3x \, N^a \tilde{\pi} \partial_a \varphi \tag{7.22}$$

$$H(N)_\varphi = \int d^3x \frac{N}{\sqrt{\det(q)}} \left(\tilde{\pi}^2 + \tilde{E}_i^a \tilde{E}^{bi} \partial_a \varphi \partial_b \varphi + \det(q) V(\varphi) \right) \tag{7.23}$$

これらをそれぞれ ($8\pi G\beta$ を掛けて) 重力場の微分同相拘束およびハミルトニアン拘束に加えなければならない．これが重力をスカラー場と結合させる措置である．

7.4 量子化

新しい変数によって導入される新たな考え方は，採用すべき量子化の対象が何かという概念の変更である．前に言及したように，計量変数を用いた伝統的な取扱いでは，配位変数が3次元計量 q^{ab} であり，それと共役な正準運動量 π^{ab} は外部曲率に関係している．これらの変数に対して正準な量子化を試みる場合，自然な方法として，計量の波動関数 $\Psi(q_{ab})$ を考えることになる．よって，それは特定の空間幾何が実現される確率を与えるものと見なされる．

これに対して，7.2節で導入した新しい変数を採用するならば，配位変数は A_a^i であり，自然な波動関数は $\Psi(A_a^i)$ となる．これは"接続表示"(connection representation) になっている．これと似た表示が Maxwell 理論や Yang-Mills 理論の量子化に用いられてきた．この方法が，計量を配位変数とするやり方と，ある種，反対の方法であることに注意してもらいたい．計量は3脚場(トライアド)に関係しており，これは Ashtekar 接続に対して共役な運動量に相当する．Ashtekar 変数の量子化の議論を進めよう．正準変数は演算子へと移行する．Ashtekar 接続は，単なる乗法的な演算子になる．

$$\hat{A}_a^i \Psi(A) = A_a^i \Psi(A) \tag{7.24}$$

そして，3脚場(トライアド)は汎関数微分の演算子になる．

$$\hat{\tilde{E}}_i^a \Psi(A) = -i \frac{\delta \Psi(A)}{\delta A_a^i} \tag{7.25}$$

両者の交換関係は，

$$\left[\hat{A}_b^j(y), \hat{\tilde{E}}_i^a(x)\right] = i \delta_b^a \delta_i^j \delta^3(x-y) \tag{7.26}$$

となる[3]．ここから前章でも論じたように，拘束条件を，量子状態に対して保持される演算子の式へ移行させなければならない．この部分は極めて難解であり，実は，以下に述べる理由により，この表示では完遂することができない．Gauss の法則(7.6)の考察から始める．

$$\hat{\mathcal{G}}^i \Psi(A) = -i D_a \frac{\delta \Psi(A)}{\delta A_a^i} \tag{7.27}$$

ここにおいて，3脚場(トライアド)を接続の右側に配置する"因子順序化"(factor ordering) を採用した (D_a は接続を用いて定義されている)．今，導入した量子力学的な Gauss の法則を不鮮明化して，その量子状態への作用を調べてみると，量子状態に対するこの

---

[3] ここでは $8\pi G = \beta = 1$ としてあり，他の文献の式と似た形になっている．この話題に関する文献で，他の流儀を採用しているものは，大抵は古い文献である．

7.4. 量子化

拘束条件の作用は, Ψ の引数を無限小ゲージ変換 (パラメーター λ は小さいものとする) によって変更することと等価であることが見いだされる (式(5.12)参照).

$$\left[1 + \int d^3x \lambda^i(x) \hat{\mathcal{G}}^i(x)\right] \Psi(A) = \Psi(A + D\lambda) = \Psi(A) \tag{7.28}$$

右側の等式は, 拘束条件が状態を消滅させなければならないという事実と関係している. よって, この拘束条件は, 量子力学的な演算子として, 量子状態においても, 古典的にゼロになることを課されているのと同じ対称性を課しているのである. このことは, 関数 $\Psi(A)$ が任意ではありえないことを告げている. 波動関数は, 接続の"ゲージ不変な"関数でなければならない.

次に, ベクトル拘束(7.7)を調べてみよう.

$$\hat{V}_a \Psi = -i \hat{F}^i_{ab} \frac{\delta \Psi(A)}{\delta A^i_b} \tag{7.29}$$

この拘束条件 (より正確には7.2節で論じた微分同相拘束) を不鮮明化すると, その状態への作用は, Ψ の引数の無限小微分同相変換 ($\vec{N}$ は小さいものとする) による変更であることを確認できる.

$$\left[1 + \hat{C}(\vec{N})\right] \Psi(A) = \Psi(A + \mathcal{L}_{\vec{N}} A) \tag{7.30}$$

無限小の微分同相変換が, Lie微分によって表されている. ここでも再び, 拘束条件を量子力学的演算子へ移行させると, 古典論において Poisson 括弧を通じた軌道として生成された対称性と同じ対称性が, 量子状態にも要請されるという状況が見られる. 量子状態は, 微分同相変換の下で不変な A の関数でなければならない.

ハミルトニアン拘束(7.8)については如何であろうか? 我々はここで, いくつかの問題に直面する. 第1に, この拘束条件は, 古典的な水準においてさえ, 単純な幾何的作用を生成しない. この拘束条件が Einstein 方程式の x^0 方向の発展を生成することを思い出そう. これは断面空間の中の変数において, 単純な幾何的作用として反映されることはない. その上, 2つの3脚場(トライアド)が含まれることから, 計算上の問題が発生する. 一般に, あなたが扱う量子状態 $\Psi(A)$ は, A^i_a のゲージ不変な関数の空間積分である. そのような状態は, Gauss の法則と微分同相拘束によって消滅するであろう. 空間積分を行わなければ, 微分同相拘束は対象をずらすだけなので, そのずれによる局所的な寄与はゼロにはならない. ハミルトニアン拘束の中の第1の汎関数微分が, そのような状態に作用すると, その状態の積分を消す. そして第2の汎関数微分が作用すると, Dirac のデルタ関数が生成される. 何故なら第2の汎関数微分は, 汎関数に対してではなく, 座標の関数に作用することになり, これは結局のところ Dirac のデルタ関数と見なされる. ここで, 2つの3脚場(トライアド)に対応する2つの汎関数微分は, 同

じ点において作用する．つまりその結果は$\delta^3(x-x)$，すなわち$\delta^3(0)$であって，これはよく定義された量ではない．我々は，第1章で予想した問題に直面している．つまり量子論において，演算子は一般に分布であり，それらの積はよく定義されたものにならない．これが，まさにここで起こったのである．

固定された背景時空を設定する通常の場の量子論においては，この問題を扱うための技法が存在し，それは"正則化"(regularization)と呼ばれる．演算子積$\hat{O}_1(x)\hat{O}_2(x)$を扱うひとつの方法は，$\int d^3y \hat{O}_1(x)\hat{O}_2(y) f_\epsilon(x,y)$と書いて，$f_\epsilon(x,y)$は$\epsilon \to 0$のときに$\delta^3(x-y)$になるような関数とすることである．関心の対象となる計算を，このような形で行ってから，最後に$\epsilon \to 0$の極限を取ればよい．結果が有限であれば，関心の対象となる式が「正則化された」(regularized)というわけである．しかし残念なことに，背景の幾何が固定されていない場合には，これはよい手続きにならない．その理由は，関数$f_\epsilon(x,y)$が，理論に対して外から固定的に課する構造だからである．そのような扱い方は，背景独立性§を壊してしまう．たとえば，ハミルトニアン拘束は，もはや微分同相変換の下でスカラーではなくなる．このことは理論内部の無矛盾性を破綻させ，特に拘束代数の整合性を損なう．

量子化に伴う第2の問題は，量子論における中心的な数式的要素が内積であるということである．内積を利用できなければ，量子論は物理的な予言能力を持ち得ない．期待値も，遷移確率も計算できなくなる．接続の波動関数を扱う上で適切な，ゲージ変換と微分同相変換の下で不変な内積は，1990年代初頭まで知られていなかった．ループ量子重力の技法を導入することによって，初めてそのような内積の定義が可能となったのである．ループ表現の観点に基づく議論によって，そのような内積の最も単純で自然な表現が与えられた(次章8.1節)．

ハミルトニアン拘束の量子化に関する問題として，最後に，量子力学的な演算子へ移行させる拘束条件が，加重度+1を持たねばならないということを挙げておく．これは，不鮮明化を施したときにそうしたように(式(7.13))，$\sqrt{\det(q)}$を分母に導入する必要を意味する．この理由は，背景幾何を持たない多様体においては，自然に定義される加重度+1の対象(Diracのデルタ関数)が存在するが，自然に定義される加重度+2の対象が存在しないからである．そして，Diracのデルタ関数同士を掛け合わせて，そのような対象を構築することもできない．したがって，そのような状況下で，加重度+2の対象を表現する手段がない．分母に行列式が含まれることは，一見

---

§(訳註) background independence. 背景(として仮に設定する座標系)から，時空幾何的な影響を受けないような理論構造を持つ量子重力理論を背景独立な理論と称する．ループ量子重力理論(次章)では，背景座標からではなく，そこで量子力学的に実現される状態に依存して初めて空間的な面積や体積が現れる形になるので，これは背景独立な理論であると言える．他方，弦理論は現在までのところ，背景独立な理論形態を実現していない(背景時空が恣意的に設定され，背景時空に依存した有効理論が得られる)．

すると，拘束条件を変数に対して非多項式的なものにしてしまう扱い難い問題に思われる．しかしながら，このような状況に対処するためにThiemann (1996)によって導入された技法がある．その技法とは単に，体積，

$$V = \int d^3x \sqrt{\det(q)} = \frac{1}{6}\int d^3x \sqrt{|\tilde{E}_i^a \tilde{E}_j^b \tilde{E}_k^c \epsilon^{ijk} \epsilon_{abc}|} \tag{7.31}$$

と，接続 A_a^i とのPoisson括弧，

$$\{A_c^k, V\} = \frac{\tilde{E}_i^a \tilde{E}_j^b \epsilon_{abc} \epsilon^{kij}}{\sqrt{\det(q)}} \tag{7.32}$$

を利用することにすぎない．これにより，ハミルトニアン拘束(の加重度 +1 のバージョン)を，多項式的に書くことが可能になる．

$$H(M) = \int d^3x M\{A_c^k, V\} F_{ab}^k \tilde{\epsilon}^{abc} \tag{7.33}$$

同様の技法を用いて，ハミルトニアンの第2項 (Barbero-Immirziパラメーター β を実数と置いたときに現れる項) の生成も行うことができる．記述の煩雑さを避けるために，ここでは論じないが，詳しい議論はThiemannの論文と彼の本に載っている．これ以降は，Barbero-Immirziパラメーターを実数値に設定することにする．

この段階で，次のような経緯に言及しておくのがよいだろう．Thiemannが上述の加重度 +1 のハミルトニアン拘束を扱う技法を導入するまで，かなりの期間にわたって，加重度 +2 のハミルトニアン拘束を点の分割や，他のタイプの正則化を通じて定義する試みや，拘束条件の解を見出すための試みが多く行われてきた．1988年から1996年までの期間に為されたこれらの研究すべてが，この分野における更なる進展によってその座を置き換えられて，結局はループ量子重力理論を構成する正当な部分とは見なされなくなった．それにもかかわらず，これらの棄て去られた多くの結果は，現在の理論を理解する上でも微妙な役割を果たしている．たとえばJacobson and Smolin (1988)は，点の分割によってハミルトニアン拘束を正則化するというバージョンが，交差のないループに沿って構築されたAshtekar接続のホロノミーから成る状態を消滅させることを指摘した．この結果に触発されて，Rovelli and Smolin (1988, 1990)はループ表現を開発した．ループ表現は次章で見るように，結節点においてのみ作用するハミルトニアン拘束の最も現代的な定義において重要な役割を演じており，Jacobson and Smolinの結果とも直結している．また，加重度 +2 のハミルトニアンに関するいくつかの結果は，パラメーター化した場の理論に関するLaddha and Varadarajan (2010) の最近の仕事において，重要な役割を演じている．

ゲージ不変(Gauss拘束不変)かつ微分同相不変であって，適切な内積も定義し得る，数学的に制御可能な接続の関数 $\Psi(A)$ を扱う方法が知られておらず，ハミルトニ

アン拘束を演算子化することが困難であるという事情が，ループ表現と呼ばれる代替表現の開発につながっていった．これについて次章で論じることにする．

関連文献について

Ashtekar (1988) の本は，重力の接続による表示と，Ashtekar 変数を導入する古い方法について，よい説明を与えている．より現代的な取扱いは，Rovelli (2007) やThiemann (2008) において見いだされる．

問 題

1. Gauss の法則と微分同相拘束の間，および2つの微分同相拘束同士の拘束代数を計算せよ．
2. 微分同相拘束が，実際にスカラー場の関数 $f(\varphi)$ における微分同相変換を生成することを示せ．
3. 量子力学的な Gauss の法則がゲージ変換を生成することを示せ．
4. Thiemann の恒等式 (7.32) を証明せよ．
5. ハミルトニアン拘束を，関数 $f_\epsilon(x,y)$ で正則化すると，それが微分同相変換の下でスカラーではなくなることを示せ (古典的に計算を行うこと)．

第 8 章 ループ量子重力

前章において論じた接続表示の下での理論的な困難,特に Gauss 拘束と微分同相拘束を満たす解の空間を適切に扱う方法がないという難点は,Rovelli and Smolin (ロヴェリ) (スモーリン) (1988) を量子重力の新たな表示の開発へと促した.これがループ表現(ループ表示)と呼ばれるものである.また,彼らとは独立に,Maxwell 理論と Yang-Mills 理論に対しても,類似の表示が Gambini and Trias (ガムビーニ) (トリアス) (1980, 1981, 1986) によって導入されていた.本章では,ループ表現の構築について述べる.

8.1 ループ変換とスピン・ネットワーク

第5章で Yang-Mills 理論を論じた際に述べたように,Giles の定理 (Giles (1981)) によると,多様体において可能なすべてのループに沿った接続のホロノミーの対角和(トレース)を指定すれば,それは実質的に,その接続のゲージ不変なすべての情報を与えていることになる.前章では,量子重力の接続表示において,Gauss の法則による拘束条件は,波動関数がゲージ不変な接続の関数であるという条件を課すことを見た.したがって,ホロノミーの対角和(トレース)は,Gauss の法則の解の基底を構成する.このことは,状態を,そのような基底によって展開できることを意味する.

$$\Psi[A] = \sum_{\gamma} \Psi[\gamma] W_{\gamma}[A] \tag{8.1}$$

ここでの"和"は,すべての可能なループに関する形式的な和であり,各項の係数は,ループ γ に依存する関数 $\Psi[\gamma]$ である.ホロノミーの対角和(トレース) $W_{\gamma}[A]$ は,第5章で論じたように,次式で定義される[1].

$$W_{\gamma}[A] = \mathrm{Tr}\left(P\left[\exp\left(-\oint_{\gamma} \dot{\gamma}^a(s)\, \mathbf{A}_a(s)\, ds\right)\right]\right) \tag{8.2}$$

関数 $\Psi[A]$ を用いて行えることと等価なことを,その展開係数 $\Psi[\gamma]$ を直接に利用して行うことも可能のはずである.このような扱い方を,"ループ表現"あるいは"ループ表

---

[1] 我々は素粒子物理においてよく用いられる記号を採用する.W の文字は Kenneth Wilson に因んだもので,変量としての W_{γ} は 'Wilson ループ' とも呼ばれる.同じものを Rovelli and Smolin は T^0 と記している.

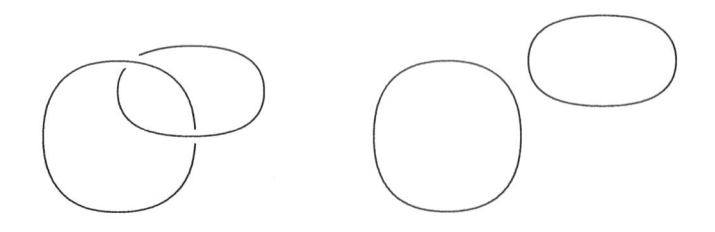

図8.1 Gauss のリンク数は，左側に示す 2 つのループに関しては 1，右側では 0 になる．

示"(loop representation) と称する．上述の展開式は，"ループ変換"(loop transform) として知られる．読者はこれが量子力学において，位置表示から運動量表示への移行の手続きに類するものであることが分かるであろう．状態空間の基底として，ラベル (もしくはベクトル) k を持つ $\exp(ikx)$ が与えられれば，波動関数をその基底によって $\Psi(x) = \int dk\, \Psi(k) \exp(ikx)$ のように展開し，展開係数 $\Psi(k)$ を，改めて波動関数に見立てることができる．

ループの関数の空間を用いることは，第 1 印象としては奇妙に思えるかもしれないが，これは特に重力理論の文脈において大変自然な性質を備えている．たとえば，そのような空間において微分同相拘束を解くことは容易である．単に，ループの滑らかな変形の下で不変な関数を考えればよい．この性質を持つ関数は，結び糸不変 (knot invariant) な関数と呼ばれて数学者によって長年研究されており，その分野は結び糸理論 (knot theory) として知られる．結び糸不変な関数は抽象的である必要はなく，それを扱うことも難しくない．たとえば 3 次元の平坦な空間において，2 つの閉曲線 $\gamma^a(s_1)$ と $\eta^b(s_2)$ を考える．次の積分，

$$\text{Linking}(\gamma_1, \gamma_2) = \frac{1}{4\pi} \oint_\gamma ds_1 \oint_\eta ds_2\, \partial^a \left(\frac{1}{|\gamma^d(s_1) - \eta^d(s_2)|} \right) \epsilon_{abc} \dot{\gamma}^b(s_1) \dot{\eta}^c(s_2) \tag{8.3}$$

は，2 つの閉曲線がリンクしていれば 1，そうでなければ 0 になる．これらの 2 通りの例を図 8.1 に示す．この量は，"2 つの閉曲線から成るループ"の関数であるが，ループの滑らかな変形の下で不変な関数という概念の例を示している．これは Gauss のリンク数 ('まつわり数'：linking number) として知られる．

ループ変換 (8.1) を利用して，演算子の作用をループ表現のものへ変更することができる．これを行う前に，ひとつの問題を扱う必要がある．すなわちループ基底は過完備 (over-complete) であるという問題である．3 次元ベクトル空間において，4 つの基底ベクトルを選ぶことを考えてみよう．まず，それらすべてが互いに独立ではあ

8.1. ループ変換とスピン・ネットワーク

りえない.更に,これらの基底を用いてベクトルを展開すると4つの成分が現れるが,我々は3次元空間においてベクトルを特定するために必要となる成分は3つであることを知っているので,4つの成分すべてが独立にはならない.ループ基底に関しても,空間が非線形になるという違いはあるが,これとよく似た状況が生じてしまう.多様体におけるすべてのホロノミーの対角和(トレース)が独立ではありえず,それらの間には非線形な関係が存在する.このことは,ループの関数 $\Psi[\gamma]$ において我々が考えることのできるループの種類が,強い制約を受けるということを意味する.この過完備性は,異なる $su(2)$ 行列の対角和(トレース)によって満たされる恒等関係に由来する.行列 $\mathbb{A}$ と $\mathbb{B}$ が与えられたとすると,次の関係を確認することができる.

$$\operatorname{Tr}(\mathbb{A})\operatorname{Tr}(\mathbb{B}) = \operatorname{Tr}(\mathbb{AB}) + \operatorname{Tr}(\mathbb{AB}^{-1}) \tag{8.4}$$

ここからの直接の帰結として,2つのループ γ と η が与えられると,次の関係が得られる.

$$W_\gamma[A]W_\eta[A] = W_{\gamma \circ \eta}[A] + W_{\gamma \circ \eta^{-1}}[A] \tag{8.5}$$

η^{-1} は η の向きを反転させたループを意味し,$\gamma \circ \eta$ は,まず γ を巡り,それから η を巡るようなループを表す[§].扱う行列がユニタリーなので $W_\gamma[A] = W_{\gamma^{-1}}[A]$ である.また,行列積の対角和(トレース)の巡回不変性により $W_{\gamma \circ \eta}[A] = W_{\eta \circ \gamma}[A]$ が成立する.問題は,これらの恒等式を組み合わせ,ループの数も増やすことによって,更に複雑な恒等式も次々に作れてしまうという点にある.これらの恒等式は"Mandelstam(マンデルシュタム)恒等式"として知られる.

ループの基底の過完備性の問題を扱うために,代数の表現について少々述べておかねばならない.前章で示したように,一般相対性理論を Ashtekar 変数を用いて記述する際に用いる接続は $su(2)$ 接続である.代数は構造定数によって規定され,$su(2)$ の場合の構造定数は,Levi-Civita 因子を用いて与えられる.

$$[\sigma^i, \sigma^j] = 2i\epsilon^{ijk}\sigma^k \tag{8.6}$$

Pauli 行列は上式の関係を満たす.しかしながら,上式を満たす行列の組は無数にあり,それらは 2×2 行列だけでなく一般には $(N+1) \times (N+1)$ 行列である($N = 1, 2, 3, \ldots$).このような大きな行列は,$su(2)$ 代数の"異なる表現"と呼ばれる.最もコンパクトな表現は"基本表現"(fundamental representation)と呼ばれ,$su(2)$ 代数の基本表

[§](訳註)章末の問題2 (p.121)を参照.式(8.5)の左辺は,γ と η を互いに繋がずに別個に同時に設置した"$\gamma \cup \eta$ というループ"に関する Wilson 指標と見なされる(ループの追加は,状態関数において乗法的な操作である).この等式関係があるために,3種類のループ $\gamma \cup \eta$, $\gamma \circ \eta$, $\gamma \circ \eta^{-1}$ のすべてを独立なループ基底として扱うことはできないわけである.

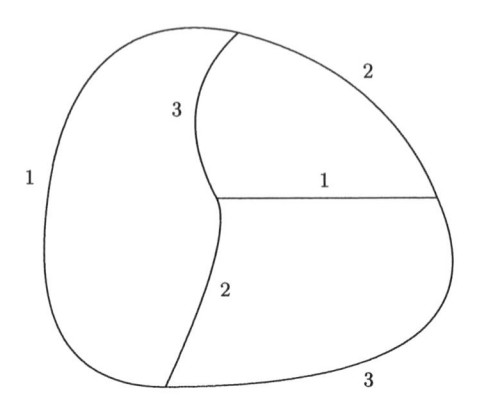

図8.2 スピン・ネットワークの一例. 各線に付けた数字は, その線に沿った平行移動行列の次元を特定する. 色 N の線は, $(N+1)$ 次元行列に対応している.

現の基底はPauli行列である. 接続を構築するために, 実は "任意の" 表現を採用することができ, それを用いて, Pauli行列の場合と同様に, 曲線に沿った平行移動関数を考えることもできる. 開曲線に沿った平行移動関数は行列である. そして, 別々の開曲線からの端点を一致させ, それらの行列の添字を, ある種の因子を用いて縮約を取ることによって「結び付ける」(tie up) ことができる. その縮約を取るための因子を "結節因子" (intertwiner) と呼び[‡], このように曲線を結び付けることによって生まれる構造を "スピン・ネットワーク" (spin network) と呼ぶ. これは結節点と "色付け (coloring) された線" によるグラフであり, "色" はホロノミーの行列の次元に関係する数 N によって表される (半整数 $J = N/2$ をラベルとして用いる場合もある). スピン・ネットワークの例を図8.2に示す. "色付け" によって, 各々の線に沿った平行移動関数の構築に用いられた表現が分かるようになっている. これらのことをすべて詳しく説明しようとすると, 本書の水準を超える群論とその表現に関する知識が必要になる. しかし幸い, これ以降の議論のために, 詳しい知識は必要でない. 要点をひとつ言えば, 群論の帰結として, $su(2)$ の高次元表現は, 基本表現のテンソル積と1対1の関係を持つことが判明している (この文脈におけるテンソル積は, 要素の混合をせずに, 単にそれぞれの表現を並べることを意味する). したがって, 高次元表現のホロノミーは, 基本表現のホロノミーが束になって平行に走っているものと等価と見なすことができる[§]. よって結節因子は, ϵ_{ijk} と δ^i_j の適切な形のテンソル

[‡](訳註) 日常英語としての 'intertwine' は '絡み付かせる' という意味である. 'intertwiner' には術語として適当な訳語がないが, 本稿では '結節因子' としておく.

[§](訳註) つまりスピン・ネットワークを構成するそれぞれの線の '色' は, ループ線の '重複度' のようなものである. しかしスピン・ネットワーク表現においては, 潜在的に考えうるループ線

8.1. ループ変換とスピン・ネットワーク　　107

積として与えられる．i と j は Pauli 行列の添字を表す．より詳しいことについては，Rovelli and Upadhya (1998) の論文の付録を見るとよい．

　スピン・ネットワークは，ループ基底の過完備な自由度を最小化して（3価，すなわち3本の線を結ぶ結節点では余計な自由度が完全になくなる）すべてのゲージ不変な関数の基底を構成する仕掛けになるが，さらに量子重力状態を展開するためにも適した基底を提供する．このことを最も簡単に見るには，空間において新たな内積を導入すればよい．内積の構築は，接続の空間において Ashtekar-Lewandowski 測度 (レワンドフスキー) (1997) として知られる測度を導入することによって具体的に行うことができる．ここでは詳しい説明をせずに，結論だけを述べることにする．2つのスピン・ネットワーク（上述のような'色'付きの線と結節点によるグラフ）s と s' が与えられたとして，スピン・ネットワーク状態 ψ_s と $\psi_{s'}$ を構築する．s と s' が互いに微分同相写像で関係づけられるならば（滑らかな変形によって互いに移行できるならば），これらの状態の間の内積は1となり，それ以外の場合は0となる．そのような内積がどのように作られるかという詳細は措くとして，その単純な性質の有用性は重視せざるを得ない[†]．

　今，仮に，あるスピン・ネットワーク状態 ψ_s が与えられ，その状態が他の一連の状態 ψ_{s_m} に対して独立でないものと仮定してみよう．そうであれば，他のスピン・ネットワーク状態の線形結合として，その状態を与えることができるはずである．

$$\psi_s = \sum_m c_m \psi_{s_m} \tag{8.7}$$

それぞれの s_m は，s と微分同相写像の関係にはないものと仮定される．しかしながら，上式のような状態について，同じ状態との内積を取ることを考えると，左辺は1になるけれども，右辺は0になってしまう．個別の s_m と s は微分同相写像の関係にないものと仮定されており，それぞれの s_m と s の内積はゼロになるからである．したがって，異なるスピン・ネットワーク状態は，必ず互いに線形独立であるという結

の'向き'の区別を指定するわけではないので，元々のループ表現における向きの反転に関係する冗長性（式(8.5)参照）が低減される．（多価ネットワークでは，冗長性が完全に解消されるわけでもないけれども．）なお，この原書ではスピン・ネットワークを構成する'線'を 'line'，'結節点'を 'intersection' と称しているが，他の文献では前者に対して 'link' や 'edge'，後者に対して 'node' や 'vertex' などの術語を用いている場合もある．

[†](訳註) つまり，背景独立なスピン・ネットワークの概念は，(1) Gauss 拘束→ループ表現（スピン・ネットワーク表現）の導入，および (2) 微分同相拘束→ Ashtekar-Lewandowski 測度の導入（滑らかな変形によって互いに移行できるネットワークを区別しない），という2段階の手続きによって得られている．(1) はどちらかというと表面的な表示の変更にすぎず，(2) において本質的な概念変更が行われていると見るべきであろう．固定された背景座標の下でネットワーク・グラフを考えるならば，同じトポロジー的構造を持つグラフからでさえ無限の可能性が出てきてしまうが（場の量子論における発散はそういう性質のものである），ここで話を逆転させて，グラフの'構造'（'滑らかな'変形しか許容されないので純粋なトポロジー以外の'構造'情報も少々含まれるが）こそがむしろ空間の本質であると捉え直し，背景座標が含んでいる潜在的な自由度を大幅に削ぎ落としていることになる．

論が得られる．この結果は，最初は格子ゲージ理論の文脈において，異なる見地からKogut and Susskind (1975)によって見いだされた．スピン・ネットワークの観点から，これに着目したのはRovelli and Smolin (1995)である．スピン・ネットワークの概念は，最初は抽象的な数学的構成物としてRoger Penrose (1971)によって導入されたが，その論文において，既に量子重力との関連が予見されていた．

　上述の結果は，3価のスピン・ネットワーク（ネットワークに含まれる結節点が，最大で3本の線を結び付けているようなネットワークという意味である）に関して厳密に正しい．ネットワークが4価以上の結節点を含んでいる場合は（そのような状態も必要になることを後から見る予定である），結節因子(インターツイナー)の選び方に冗長性が生じ，上のような状態の構築のために，基底として独立なスピン・ネットワークの組を意識的に選ぶ必要が生じる．

　Ashtekar-Lewandowski内積を用いて，厳密なやり方でループ変換とその逆変換をつくれることは興味深いが，その詳細は本書で扱える範囲を超える．たとえばThiemann (1998)を見てもらいたい．

　本節を締めくくるにあたり，Ashtekar-Lewandowski測度について我々が行った説明が，過度に単純化されたものであることを強調しておきたい．実際には，ここからループ量子重力において多大な影響を及ぼす劇的な帰結がいくつも見いだされることになる．このような事情を理解するためには，曲率の測度としての元々のホロノミーの定義に戻る必要がある．ある対象に対して，閉曲線の径路に沿った平行移動を施して，一巡して元の点に戻したときに，"角度のずれ"が見いだされるという3.3節の議論を思い出そう．そのようなずれは，その閉曲線を境界に持つような領域の曲率に依存し，またその領域の面積にも依存する．ここでたとえば，閉曲線を少しだけ変形させて，閉曲線が囲む領域を少し変更してみる．閉曲線をずらした領域において，接続が滑らかな関数であれば，一巡して生じる角度のずれも少ない．しかしながら，Ashtekar-Lewandowski内積の作用の仕方は全く異なっている．閉曲線を少し変形させても，変形前後の曲線が微分同相写像の関係にあれば，得られる結果に全く違いはないし，そうでなければ完全に異なる結果になる．その意味するところは，この測度を用いるならば，滑らかな関数になっているような接続ではなく，ループの構造を特徴づける部分（ネットワークの構造の区別を生じる部分）への"分布"になっているような接続を扱うということである．分布を扱うことは，場の量子論において驚くべきことではない．場の量子論では第6章で示したような文脈において，いたるところで分布が現れることには既に言及した．しかしここには重要な含意がある．ホロノミーはよく定義された量子力学的な演算子になるにもかかわらず，接続はそうならないということである．そして3脚場(トライアド)もよい量子力学的演算子にはならない．これは汎

関数微分から成るので,ホロノミーのような1次元の対象に作用させると,その結果は分布的になる.このことは3脚場に関係する演算子,すなわち"3脚場流束(トライアド・フラックス)"の演算子を考えることによって容易に確認される.この演算子は3脚場(トライアド)を面積分することによって得られる.これについては,次節で論じることにする.

学部の水準の読者の読みやすさを考えて,本節では数学的な議論の詳細を大幅に省いた.より詳しい内容に関心のある読者は,Thiemann (2008) の本を見てもらいたい.最後に指摘しておきたいことは,Ashtekar-Lewandowski測度の採用が,一見して,ある種の任意性による選択に見えるという点についてである.これは妥当な見方ではない."LOST-F定理[2]"として知られる強力な数学的結果によれば (Lewandowski, et al. (2006), Fleischhack (2006)),いくつかの穏当な仮定 (ホロノミーに基礎を置く代数と背景独立性を利用する) の下で,この測度の決め方が"一意的"であることが示されている.したがって,ループ量子重力の運動学的な土台は極めて堅固なものであって,少なくとも微分同相変換不変性を伴う文脈においては,利用可能な唯一の選択が用意されているのである.

8.2 ホロノミー演算子と幾何的演算子

前節でループ表現を構築したので,次に,その表現に属する演算子の作用を学ぶのがよいであろう.ゲージ対称性のある理論においては,ゲージ不変な演算子だけを真に物理的に解釈することができる.正準力学の語法で言うと,拘束条件とのPoisson括弧がゼロになる量だけが関心の対象になる.このような変数は"Diracの観測可能量",もしくは簡単に"観測量(オブザーバブル)" (observable) と呼ばれることがある[§].たとえばMaxwell理論において,電場は観測量であるが,電気的ポテンシャルは観測量ではない (我々が測れるのはポテンシャルの差であって,ポテンシャルそのものの絶対値は測れない).重力理論では,このことは,すべての拘束条件とのPoisson括弧がゼロになるような量だけを考えるべきだということを意味するが,これは難問である.実際,我々はそのような対象を,少なくとも真空における理論に関しては知らない.重力を,ある種の形態の物質と結合させるならば,物質を"参照座標"として利用することが可能となり,Diracの観測可能量にあたる量を定義できるようになる.本書ではこのような量の構築を行う余裕はないが,読者にはGiesel, Hofmann, Thiemann, and Winkler (2007) の仕事を参照することを薦めておく.

---

[2]Lewandowski, Okolów, Sahlmann, Thiemannおよび,独立にFleischhackによって調べられた.彼らの頭文字に因んだ命名.

[§](訳註) 拘束条件との兼ね合いで 'observable' が定義されている点に注意されたい.初等量子力学における 'observable' よりも含意が深い.

上述の問題は措いておき，幾何的演算子(geometrical operator)に注目しよう．これは幾何学の要素に関係する量子力学的な演算子のことである．これを扱う前に，まずループ表現において定義できる最も単純な演算子であるホロノミー演算子の考察から始める．量子力学的な演算子としての，あるスピン・ネットワークs'に沿ったホロノミー$\hat{h}_{s'}$を，別に指定されたネットワーク状態$|s\rangle$へ作用させると，$|s' \cup s\rangle$が得られる．つまりこれは，単にsとs'から構成されるスピン・ネットワーク状態である．これを証明するには，我々が導入したスピン・ネットワークに関する知識では少々足りないが，ループ変換の式(8.1)とそのホロノミーを考えると，感じを掴むことができる．変換式の右辺において，まずは2つのホロノミーが想定されるわけであるが，Mandelstam恒等式を利用してそれらを組み合わせ，複合的なループに関する単一のホロノミーを得ることができる§.

次に考えたいのは，"面積演算子"(area operator)である．ある面Σが与えられたとすると，我々はその面積を表す式を構築する必要が生じる．その面を$x^3 = 0$として指定できるような座標系を選ぶことにする．ここで得るべき演算子が，スピン・ネットワーク状態において微分同相不変でない作用を持つことは明らかである．その面の面積は，次式で与えられる．

$$A_\Sigma = \int_\Sigma dx^1 dx^2 \sqrt{\det q^{(2)}} \tag{8.8}$$

$\det q^{(2)} = q_{11}q_{22} - q_{12}^2$は，座標$x^1$と$x^2$によって張られる2次元空間の計量の行列式である．これを$\det q^{(2)} = \epsilon^{AB}\epsilon^{CD}q_{AC}q_{BD}/2$と書き直すこともできる．添字$A,\dots,D$は1と2の値を取る．さらにこれを$\det q^{(2)} = \epsilon^{3ab}\epsilon^{3cd}q_{ac}q_{bd}/2$と書き直せる．ここでは添字$a,\dots,d$が形式的に1から3の値を取るが，$\epsilon$の性質により，実質的には1と2だけが関わる．ここで，Levi-Civita因子を使って，逆行列を与える次の恒等式を考える．

$$q^{ab} = \frac{\epsilon^{acd}\epsilon^{bef}q_{ce}q_{df}}{3!\det(q)} \tag{8.9}$$

---

§(訳註) ホロノミー演算子の作用は，元々のホロノミーの定義から推察することもできる．元のネットワーク状態の波動関数は$|s\rangle$は，sを構成するホロノミー(と結節因子)から成り立っている．そこにs'のホロノミーを作用させることになるが，ホロノミーの定義式(8.16)には3脚場が含まれず接続だけが含まれるので，s'のホロノミー演算子の作用としても，単に乗法的な形でs'のホロノミーを波動関数に付け加えるものと考えればよい(式(7.24), (7.25)参照).

但し，背景独立性を重視するループ量子重力理論の立場からすると，背景座標の下で接続からホロノミーが定義されるというよりも，見方を逆転させて，ホロノミー演算子こそが第一義的に重要な基本的演算子であると見なすことになる．場の量子論における生成演算子が，場(のエネルギー量子)を生成する最も基礎的な演算子であるということとかなり近い意味合いで(あるいは，むしろそれよりも重要な意味合いで)，ループ量子重力理論においてはホロノミー演算子が，'空間計量の量子'(3脚場の量子)を生成するための最も基礎的な演算子と位置づけられる．そして，3脚場を通じて，空間の面積や体積が現れる(式(8.13), (8.22)).

8.2. ホロノミー演算子と幾何的演算子

ところで，Ashtekar変数について，我々は $\tilde{E}_i^a \tilde{E}^{bi} = \det(q) q^{ab}$ という関係を得ている (式(7.3))．したがって $\det q^{(2)} = \tilde{E}_i^3 \tilde{E}^{3i}$ と書くことができて，面積の式は次のように書き換えられる．

$$A_\Sigma = \int_\Sigma dx^1 dx^2 \sqrt{\tilde{E}_i^3 \tilde{E}^{3i}} \tag{8.10}$$

この量を，量子力学的な演算子へと移行させることを考えたい．正準量子化の規則に従って，3脚場（トライアド）E_i^3 を演算子 $-8i\pi G\beta \delta/\delta A_3^i$ に置き換える (ここでは Poisson 括弧(7.2) の因子 $8\pi G\beta$ を復活させるので，算出される面積が正しい単位を持つことが明白に判る．式(7.25)-(7.26)参照)．残念ながら，直接的にはこれを行えない．一方において，我々は2個の演算子の積を扱わねばならないが，このことの問題点については既に論じた．さらに悪いことに，その演算子積が，根号の中に入っている．このような問題を扱うために，再び演算子の"不鮮明化"(smearing) と呼ばれる技法を利用する．我々は既に，拘束条件を扱った際に，この技法に遭遇している．

ひとつのパラメーター ϵ をラベルとして持つ不鮮明化関数 $f_\epsilon(x,y)$ を導入し，$\epsilon \to 0$ の極限において，これが2次元の Dirac デルタ関数に近づくものとする (x, y それぞれが2次元座標であることに注意せよ)．これを正確に表現すると，

$$\lim_{\epsilon \to 0} \int_\Sigma d^2 y f_\epsilon(x,y) g(y) = g(x) \tag{8.11}$$

である．g は Σ において滑らかな関数とする．これを用いて，不鮮明化した3脚場（トライアド）を，次のように定義する．

$$\left[\tilde{E}_i^3\right]_f(x) = \int_\Sigma d^2 y f_\epsilon(x,y) \tilde{E}_i^3(y) \tag{8.12}$$

これは $\epsilon \to 0$ の極限で $\tilde{E}_i^3(x)$ に帰着する．この不鮮明化した演算子を用いて，面積演算子は次のように与えられるであろう．

$$\hat{A}_\Sigma = \int_\Sigma dx^1 dx^2 \sqrt{\left[\hat{\tilde{E}}_i^3\right]_f \left[\hat{\tilde{E}}^3_i\right]_f} \tag{8.13}$$

不鮮明化した3脚場（トライアド）の量子化と，そのスピン・ネットワーク状態 ψ_s への作用を考えよう．

$$\left[\hat{\tilde{E}}_i^3\right]_f(x) \psi_s = -8i\pi G\beta \int_\Sigma d^2 y f_\epsilon(x,y) \frac{\delta \psi_s}{\delta A_3^i(y)} \tag{8.14}$$

状態 ψ_s が，結節因子（インターツイナー）によって結節点につながっているそれぞれの開曲線に沿った平行移動関数の集まりであることを思い出そう．ここで重要な注意点は，状態が，そ

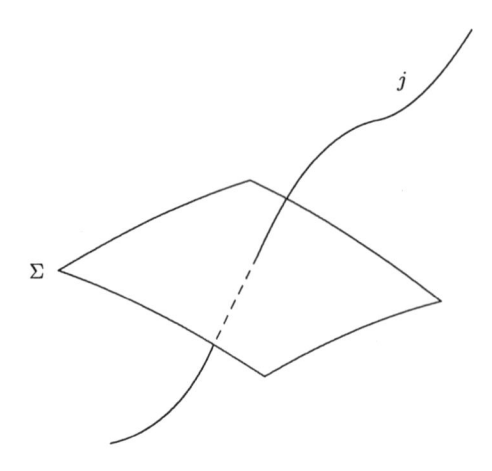

図 8.3 スピン・ネットワークを構成する線のひとつが設定した面 Σ と交わると，Σ は"面積の量子"を獲得する．

れらの曲線上における接続だけに依存することである．したがって，面積分の際に，$A_3^i(y)$ による汎関数微分がゼロ以外になるのは，点 y が，その曲線上に位置するときだけである．そうなるためには，スピン・ネットワークにおいて関係する線が，面 Σ と交わっていなければならない（図8.3）．ネットワークの線が面 Σ を通っていなければ，汎関数微分の結果はゼロになる．平行移動関数のうちで，たまたまその面を突き抜けるものだけが，汎関数微分による作用を受ける（面を何回も突き抜けていれば，追加の寄与も生じる）．そこで汎関数微分を，次のように書き直せる．

$$\frac{\delta \psi_s}{\delta A_3^i(y)} = \text{Tr}\left(\frac{\delta h^J}{\delta A_3^i(y)} \frac{\delta \psi_s}{\delta h^J}\right) \tag{8.15}$$

h^J は，面 Σ を貫く線に関係する平行移動関数を，適切な J 表現で与えたものである ($J = N/2$)．ここでは Tr (対角和) を一般化された意味で使っている．つまり ψ_s を h^J で微分すると，h^J が抜き取られて始点と終点に開いた結節因子が残り，そこに $\delta h^J/\delta A_3^i(y)$ の構造が整合して入り，最終的には自由な添字のない量が与えられる．ここで，接続による h^J の微分を計算する方法を学ぶ必要がある．このために，曲線 γ に沿った径路順序化指数関数によるホロノミー（平行移動関数）の定義に戻らなけらばならない（式(5.23), (5.24)）．

$$\mathbf{h} = \sum_{n=0}^{\infty} \int_{t_1 \geq \cdots \geq t_n \geq 0} \dot{\gamma}^{a_1}(t_1) \mathbf{A}_{a_1}(t_1) \cdots \dot{\gamma}^{a_n}(t_n) \mathbf{A}_{a_n}(t_n) dt_1 \cdots dt_n \tag{8.16}$$

右辺の和の中のひとつの項に対する汎関数微分の作用を考えよう．曲線 γ が点 y を通

8.2. ホロノミー演算子と幾何的演算子

ると仮定しておくと，汎関数微分がゼロでない値を取るのは，被積分関数の因子がその点 y に関わるときだけである．$\mathbf{A}_3 = A_3^i T^i$ と書けることを思い出そう．T^i は $su(2)$ 代数の基底を適切な J 表現で表したものである．よって，次式を得る．

$$\frac{\delta \mathbf{A}_{a_k}(t_k)}{\delta A_3^i(y)} = \frac{\delta \mathbf{A}_{a_k}(\gamma(t_k))}{\delta A_3^i(y)} = T^i \delta^3(y-\gamma(t_k))\delta_{a_k}^3 \tag{8.17}$$

したがって，$\mathbf{h}$ の汎関数微分は，

$$\frac{\delta \mathbf{h}}{\delta A_3^i(y)} = \sum_{n=0}^{\infty} \int_{t_1 \geq \cdots \geq t_k \geq \cdots \geq t_n \geq 0} dt_1 \cdots dt_n \, \dot{\gamma}^{a_1}(t_1) \mathbf{A}_{a_1}(t_1) \cdots \dot{\gamma}^3(t_k)\delta^3(y-\gamma(t_k))T^i \cdots$$
$$\cdots \dot{\gamma}^{a_n}(t_n)\mathbf{A}_{a_n}(t_n) \tag{8.18}$$

と表される．この式は3つの部分に分けられる．第1の部分は t_1 から t_{k-1} に沿った積分で，始点から t_k の点に至るまでの単なる平行移動関数である．その t_k の位置が y に一致して微分が作用するので，そこでは生成子 T^i とその点における正接因子が置かれる．そして第3の部分は点 y から終点までの平行移動関数である．これを分かりやすく書くと，次のようになる．

$$\frac{\delta \mathbf{h}}{\delta A_3^i(y)} = \int dt_k \, h^J(0,t_k) \, \dot{\gamma}^3(t_k) T^i \delta^3(y-\gamma(t_k)) \, h^J(t_k,1) \tag{8.19}$$

同じことを見るための別の方法として，指数関数を $e^x = \lim_{N\to\infty}(1+x/N)^N$ と定義して，これを利用するやり方もある．径路順序化した指数関数についても，これと似た定義が成立するが，この場合にはそれぞれの因子を曲線に沿って順序化しなければならない．汎関数微分の作用が，一般には中央部分にある因子のひとつだけに影響を及ぼすことは明らかであり，得られる結果は，その前後に曲線の始点から作用が及ぶ点までの平行移動関数と，その点から曲線の終点までの平行移動関数が残る形になる．

読者は，この汎関数微分の結果が数学的によく定義されていないものであることを心配するかもしれない．これは3次元Diracデルタ関数の (t_k に沿った) 1次元積分を含んでいる．しかしながら我々は，この汎関数微分が式(8.14)-(8.15)において，他の2次元積分の中に置かれていることを思い出さねばならない．結局は3次元Diracデルタ関数の3次元積分が実行されるのであって，その結果はよく定義されたものになる．この結果により，不鮮明化された3脚場(トライアド)のネットワーク状態への作用は，次のように与えられる．

$$\left[\hat{\tilde{E}}_i^3\right]_f(x)\psi_s = 8i\pi G\beta \, \dot{\gamma}^3(x) \operatorname{Tr}\left(T^i \psi_s(x)\right) f_\epsilon(x,y) \tag{8.20}$$

$\hat{\gamma}^3(x)$ は，点 x におけるネットワーク線の正接の成分である[§]．スピン・ネットワーク状態 ψ_s は点 x において「解放されて」，そこに生成子 T^i が挿入されてから戻される．点 y は，面 Σ における演算子の不鮮明化積分のための面内座標点であるが (式(8.14))，実効的には面 Σ と s が交わる点になる (交点が複数あれば，それぞれの点からの寄与を足し合わせる必要がある)．さらに第 2 の不鮮明化された 3 脚場(トライアド)を作用させると，同様の寄与が及んで第 2 の生成子 T^i が挿入される．J 表現において ($N = 2J$)，生成子同士の積の和が $T^i T^i = J(J+1)\mathbf{1}$ になることに注意すると (たとえば基本表現 $J = 1/2$ では，生成子は Pauli 行列を用いて $S^i = \sigma^i/2$ と与えられ，$S^i S^i = \frac{3}{4} \times \mathbf{1}$ となる)，面積演算子のスピン・ネットワークへの作用は，次のように与えられる．

$$\hat{A}_\Sigma \psi_s = 8\pi \ell_{\text{Planck}}^2 \beta \sum_I \sqrt{j_I(j_I+1)}\, \psi_s \tag{8.21}$$

和は，スピン・ネットワークにおいて，面 Σ を貫くすべての線 I について行う．j_I は線 I の"色"である．Newton 定数 G から，"Planck 長さ(ブランク)"と呼ばれる量 $\ell_{\text{Planck}} = \sqrt{G\hbar/c^3} \approx 10^{-33}$ cm を作ることができる．上式は，スピン・ネットワーク状態が，面積演算子の固有状態であり，その固有値は，初等量子力学における角運動量の自乗の演算子 $\hat{L}^2$ の固有値を連想させるような簡単な式によって与えられることを示している．面積の固有値が，Planck 長さの自乗 (に適当な係数を付けたもの) の単位で量子化されていることに注意してもらいたい．面積の量子は，素粒子物理の尺度と比べても極めて小さい．面積演算子の固有値は等間隔ではなく，特に j_I が小さいところでは固有値の間隔の差が著しい．

Barbero-Immirzi パラメーターが，面積の式にあらわに現れていることに注意してもらいたい．これは，もし我々が面積の量子を測定できたならば，そのパラメーター値を決定できることを意味する．よって，量子化された理論において，このパラメーター値の設定が違えば，それらは同じ物理には対応しない．何故このようになるのか？ 古典論では，パラメーター値の選択は単なる正準座標の選び方の変更に過ぎず，物理的な内容を変更しないのではなかったか？ これは量子化の過程において起こることであって，古典的には等価なものが，量子力学的には等価でなくなるのである．通常，正準座標の変更 (正準変換) は，量子力学におけるユニタリー変換に対応し，物理的な内容を変更しない．しかしながら，これは必ず成立することではなく，例外的な状況がここに起こっている．現在，β の値を実験的に決定できる実験手段はないが，第 10 章で見るように，ブラックホールのエントロピーを計算した結果を半

[§](訳註) 式 (8.20) の右辺には，$\int dy^1 dy^2 dt$ という 3 重積分の表記が省略されているものと見るべきである (式(8.14), (8.15), (8.19) 参照). ここに被積分因子として $\hat{\gamma}^3$ があることにより，積分の後には面 Σ とネットワーク線の交差角度への依存性はなくなり，面を通るネットワーク線の色だけに依存する結果 (8.21) が得られる．

8.2. ホロノミー演算子と幾何的演算子 115

古典的に計算した数値に整合させようとするならば，β として特定の値を選ばなければならない．

ここまで述べてきた面積演算子の構築は，ループ量子重力の核心的な部分に照明を当てている．演算子をどのようにしてよく定義し，発散が現れないようにしたかに注意されたい．背景独立性の役割にも注意を向けてもらいたい．定義の最後には，背景構造は何も残されていない．面積演算子の固有値は，スピン・ネットワークを構成する線が指定した面に交わるかどうかということと，その線の色に依存して決まる．あたかもスピン・ネットワークに含まれるそれぞれの線がすべて"面積の量子"を担っており，指定された面は，スピン・ネットワークの線がその面を通ることによって面積を獲得する，というように解釈することができる (p.112, 図8.3 参照)．

ここまでの面積演算子の導出において，我々は多くの側面を過剰に単純化している．特に，面 Σ は，スピン・ネットワークの中の線と点で交わるだけではなく，ネットワークの中の線の一部を含んでしまうことも考えられる．あるいは，面が2本の線の結節点を含むこともあり得る．これらの場合については，注意深い取扱いが必要であり，そこから上述の単純な式に対して追加の寄与が生じることになる．完全な議論に関しては Ashtekar and Lewandowski (1997) や Thiemann (2008) の本を参照してもらいたい．

関心が持たれるもうひとつの幾何的演算子は，体積演算子である．3次元領域 R を指定すると，その領域の体積は次式で与えられる．

$$V(R) = \int_R d^3x \sqrt{\det q} = \frac{1}{6}\int_R d^3x \sqrt{|\epsilon_{abc}\epsilon^{ijk}\tilde{E}^a_i\tilde{E}^b_j\tilde{E}^c_k|} \qquad (8.22)$$

これを量子力学的な演算子へ移行させる方法は，大体のところ面積演算子の場合と同じである．3脚場(トライアド)を不鮮明化した演算子にする．それぞれの不鮮明化された3脚場(トライアド)の作用はネットワーク線の正接に比例し，それらは Levi-Civita 因子と縮約される．そうすると，ゼロでない寄与を持ち得るのは，スピン・ネットワークを構成する線の3本以上が非平面的に結び付く点だけである．詳しい解析によれば，スピン・ネットワークへの作用は，背景独立な方法で正則化することができ，その結果として有限の演算子が得られる．それは自己共役な行列として与えられるので，原理的には対角化が可能であるが，対角化した表式を閉じた形で見いだすことはできない．更に，体積演算子がゼロ以外になるためには，少なくとも4価の結節点が必要であることが判明している．具体的な式はスピン・ネットワークが持つ結節点の種類や，結節点の価数に依存した複雑なものなので，ここでは論じない．現れてくる描像は，スピン・ネットワークが，線の部分に"面積の量子"を，結節点の部分に"体積の量子"を担っており，これらが量子的幾何を構成する要素になっている，というものである．指定さ

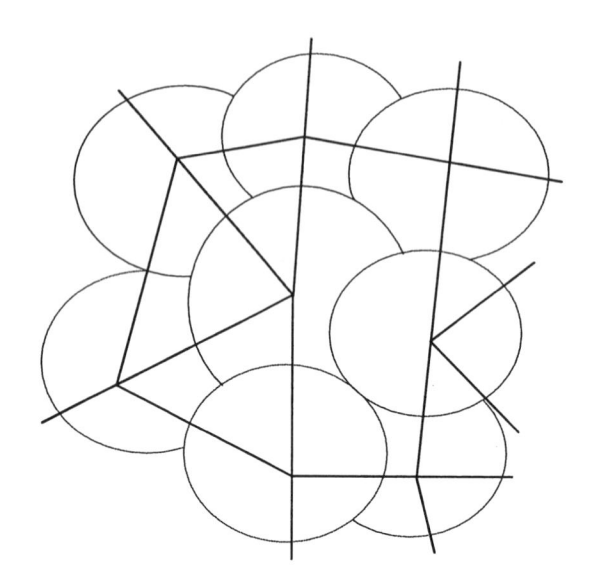

図8.4 スピン・ネットワークを"空間の基礎建築用ブロック"の集まりとして捉えることもできる．4価以上の結節点は"体積ブロック"を形成しており，それぞれのブロックの表面積は，ブロック表面を貫くネットワーク線によって決まる．

れた領域は，もしその中にスピン・ネットワークのしかるべき結節点が含まれるならば，体積を付与され，指定された面は，もしそこにスピン・ネットワークの線が通っていれば，面積を付与される．こうして図8.4のように，空間の"基礎建築用ブロック"(elementary building block)の描像が見いだされる．線や結節点の数がまばらな領域において，特に奇妙な量子的性質(体積の伴わない面積など)が顕在化することは明らかである．古典的な幾何における線の間隔はPlanck長さのオーダーと予想されるので，巨視的にそのような量子的な挙動が観測されることはないであろう．

8.3 ハミルトニアン拘束のループ表現

我々は本節において，ハミルトニアン拘束を，面積演算子や(議論の詳細は省いたけれども)体積演算子と同様の方法で，ループ表現の量子力学的な演算子へ移行させたい．ハミルトニアン拘束の古典的な式は，次のように与えられる(式(7.33)参照)．

$$H(M) = \int d^3x \, M\{A_c^k, V\} F_{ab}^k \epsilon^{abc} \tag{8.23}$$

8.3. ハミルトニアン拘束のループ表現

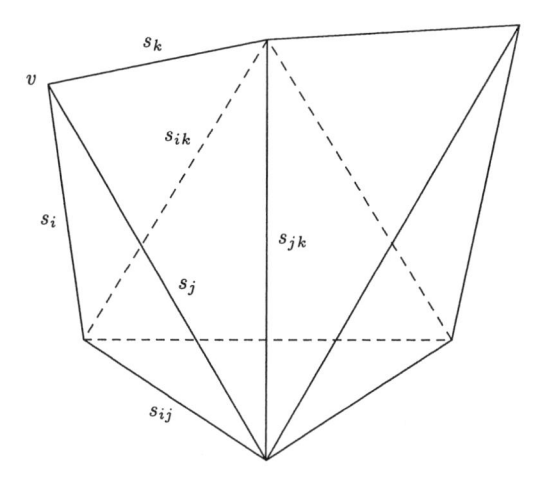

図8.5 ハミルトニアン拘束の正則化に利用する"三角形分割"では，空間が互いに接し合う四面体によって分割される．

この式を量子力学的な演算子へ移行させるために，格子正則化 (lattice regularization) の手続きを導入する．空間が四面体 Δ に分割されているものと仮想しよう．そして，この四面体の寸法を縮小していくと，上のハミルトニアン拘束の式の近似になるような式を構築することを考える．

各々の四面体において，頂点をひとつ選んで，それを $v(\Delta)$ と記す．そして $s_i(\Delta)$ $(i = 1, 2, 3)$ によって，頂点 $v(\Delta)$ に端を持つ3本の辺を表す．ここでひとつのループを，$\alpha_{ij}(\Delta) = s_i(\Delta) \cup s_{ij}(\Delta) \cup s_j(\Delta)^{-1}$ のように構築する．これは，まず $s_i(\Delta)$ に沿って進み，それから s_i と s_j それぞれの $v(\Delta)$ ではない方の端点を結ぶ辺 (その辺を s_{ij} と記す) に沿って進み，最後に s_j に沿って $v(\Delta)$ に戻るループを表す (図8.5参照)．この四面体の辺に沿った平行移動関数，たとえば s_k に沿った演算子を考えてみよう．四面体の寸法を，点になるまで縮小させる (四面体 Δ 全体が点 $v(\Delta)$ に縮むことにする) とき，平行移動関数は次のようになる．

$$\lim_{\Delta \to v(\Delta)} h_{s_k} = \mathbb{1} + \mathbf{A}_c s_k^c \tag{8.24}$$

s_k^c は，辺 s_k に沿ったベクトルであり，四面体を縮小させた極限では，このベクトルの長さもゼロになる．平行移動関数を表す径路順序化指数関数において，指数関数展開の第1項と第2項だけが残り，第3項以降は辺の長さの高次項となるので無視できることになる．

もう少し考察を進めると，ループに関して次式が得られる．

$$\lim_{\Delta \to v(\Delta)} h_{\alpha_{ij}} = \mathbb{1} + \frac{1}{2}\mathbf{F}_{ab}s_i^a s_j^b \tag{8.25}$$

ここでは曲率§ $\mathbf{F}_{ab}$ が現れているが，これは閉じたループを考えているからである．無限小ループの極限では，Abel接続に関するStokesの定理が回復する．

空間の三角形分割の下で定義された，次のような量について考察してみよう．

$$H_\Delta(N) = \sum_\Delta N(v(\Delta))\, \epsilon^{ijk} \, \mathrm{Tr}\left(h_{\alpha_{ij}} h_{s_k} \{h_{s_k}^{-1}, V\}\right) \tag{8.26}$$

和はすべての四面体 Δ について取る．この量が，$\Delta \to v(\Delta)$ においてどのように振舞うかを調べる．Poisson括弧から見てみると，この中の平行移動は，恒等変換と接続に比例する項の和になる．恒等変換は，体積とのPoisson括弧がゼロになるので，接続の部分だけから寄与が生じる．次に，Poisson括弧の外に，s_k に沿った平行移動がある．これは2つの寄与を生じる．ひとつは恒等変換によるもの，もうひとつは $A_s s_k^c$ によるものである．後者の項は，すでにPoisson括弧からの寄与が s_k^c に比例しているので，高次項を生じるが，s_k^c が小さいと仮定しているので，恒等変換の項だけが寄与を残す．最後に α_{ij} を一巡する平行移動があるが，ここからは F_{ab} の項と恒等変換の項が生じる．恒等変換項とPoisson括弧の積はPauli行列に比例し，その対角和(トレース)はゼロである．このように考えると，上式が，四面体を無限に小さくした極限において，ハミルトニアン拘束(8.23)に帰着することが判る．背景構造に対するすべての参照情報，すなわち四面体の辺の長さなどは，この手続きの最後において消失していることにも注目してもらいたい．s の3つの長さと和の計算の組合せの極限は，積分に置き換わる．

我々が，ハミルトニアン拘束を，平行移動関数によって書き直すという困難な作業に敢えて取りかかった理由は，得られる式をループ表現に移行させることができるからである．ホロノミーは即座に演算子化が可能であり，体積演算子もそうである．注意すべきことは，古典的な三角形分割を，作用を及ぼすべきスピン・ネットワーク状態に「適合させる」ために，ネットワーク状態における結節点と線が，三角形分割の頂点と線に重なっていなければならないということである．極限操作を施すときに，三角形分割における多くの頂点と線が，スピン・ネットワークにおけるそれらと対応していなくてよいことに注意してもらいたい．この拘束条件に体積が含まれることから，拘束条件は結節点に非平面的に少なくとも3本の線が結び付いている場合にのみ寄与を持ち得る．そのような結節点を四面体の頂点 $v(\Delta)$ に一致させ，そこを端点

---

§(訳註) 術語の用法については p.63 の脚註を参照．

8.3. ハミルトニアン拘束のループ表現

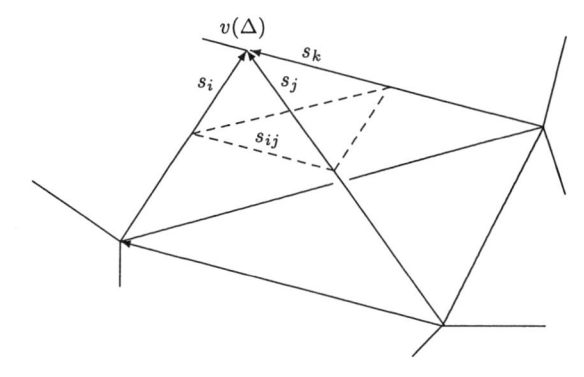

図8.6 ハミルトニアン拘束の正則化に用いられる三角形分割は，演算子の作用するスピン・ネットワーク状態における結節点と線が，四面体の頂点と辺に載るように施される．結節点 $v(\Delta)$ へのハミルトニアン拘束の作用により，線分 s_{ij} がネットワークに加わる．

とする辺 i,j,k の向きを，結節点に非平面的に結び付いている線の方向に合わせる．このようにしてハミルトニアン拘束の作用を計算できる．3価の結節点への作用を考えた場合の正味の効果は，s_{ij} に対応する余分の線を付加することによって結節点に「衣を着せて」，s_i と s_j の色を変え，全体に掛かる因子を生成する，というものである[‡]．図8.6を参照してもらいたい．価数が高くなると，ハミルトニアン拘束の作用はさらに複雑になる．その作用の詳細な計算は手の込んだものになるが，我々がここでそれを扱う必要はない．参考文献としては Borissov, De Pietri, and Rovelli (1997) を薦める．

今，定義した演算子が，どのような状態空間において作用するのかという問題には，言及しておく価値がある．ハミルトニアン拘束は微分同相変換の下で不変ではない．したがって，その作用は，微分同相変換の下で不変ではない"運動学的"(kinematical)なスピン・ネットワーク $|k\rangle$ の状態空間においてのみ定義できる．その作用を，微分同相不変な状態に対する作用へ移行させるためには，次のようにすればよい．スピン・ネットワーク s と s' が互いに微分同相写像である場合に $\langle\Psi|s\rangle = \langle\Psi|s'\rangle$ となるような状態 $\langle\Psi|$ を考える．そのような状態は，実際には運動学的空間には無いけれども，あたかも通常の分布が関数の極限として定義されるように，ある極限において運動学的空間の中にあるように定義される．そこで，$\hat{H}(N)$ の Ψ への作用を，次の方法で

[‡](訳註) ハミルトニアン拘束 (8.26) に含まれる平行移動関数は，ホロノミー演算子として，状態関数に対して単に乗法的に作用する (そのホロノミーを追加する) と考えればよい．p.110脚註参照．それでも式 (8.26) 全体の作用の解析は，3価の結節点に作用させる場合でさえ，少々込み入ったものになる．具体的な解析手順を知りたい読者は，文中にも挙げてある Borissov *et al.* (1997) [arXiv:gr-qc/9703090] の Section 5 を参照すればよい．

定義する.

$$\langle \hat{H}(N)\Psi|s\rangle = \lim_{\Delta \to v} \sum_{\Delta \in T} \langle \Psi|\hat{H}_\Delta(N)s\rangle \tag{8.27}$$

和は，三角形分割Tにおけるすべての四面体Δについて取る．これは結局，次の問題を解決する．もしハミルトニアン拘束の作用が，スピン・ネットワーク状態に対して線を付け加えるということであれば，その線は何処に加えられるのか？ その答えは，場所は何処でもかまわない，というものである．Ψの上に，Ψへの射影を取るとき，その線の位置は問題にはならない．微分同相不変な状態を扱うので，加える線が，その頂点から"近い"としても"遠い"としても，演算子の作用としては変わらない.

　よく定義されたハミルトニアン拘束を得たことは重要な成果である．これは，よく定義された量子重力理論を構築するための基礎となる．そこには無限大量が存在しない．このことは，第6章において摂動的な場の量子論を論じたときに遭遇した問題に対する，ループ量子重力による有力な解答であると考えられる．我々は，発散量がなく有限な，非摂動的な量子重力の扱い方を得たことになる．Thiemannは，同様の技法によって物質を重力に結合させると，そこから得られるハミルトニアン拘束も有限であることを示した．長いあいだ期待されてきた，重力の量子力学的な性質を考慮することによって無限大が解消されるかもしれないという予想が，ある意味で具体的な形を取り始めたと言える．量子場の非自明で有限な理論を扱うことが，非摂動的なアプローチの範囲内で可能となる．

　上述のことは，この理論に対する祝福の根拠となり得るだろうか？ それは，理論が正しい物理を捉えている場合に限られる．少なくとも物理的な観点から見ると，数学的に矛盾はないけれども物理的な内容が欠落しているような理論を構築することには価値がない．我々は，この理論が正しい物理を包含しているかどうかを判断するために，何を利用できるだろうか？ 残念ながら，これに答えるのは容易ではない．おそらく人々は，まず物理的な状態，すなわちハミルトニアン拘束によって消滅するような量子状態を構築しようとするであろう．しかしその後には，完全拘束の理論から，系の'時間'発展を解明するという難問がある．これは一般相対性理論については解決されていない(10.5節参照).

　拘束条件の代数については如何であろうか？ 導入されたハミルトニアン拘束によって，少なくとも正しい代数が量子力学的に再現できることを確認できるだろうか？ 残念ながら，これも困難な課題である．我々が扱う状態空間，すなわちAshtekar-Lewandowski測度を導入したスピン・ネットワークにおいて，微分同相拘束は演算子によって表されない．この空間では，有限の微分同相変換はよく定義されるが，無限小の微分同相変換は，拘束条件によって表現できない．解を状態として表現するこ

とは可能であり，背景となる微分同相変換の対称性を解に適正に取り込むことはできるが，演算子そのものの形では扱えない．したがって，すべての拘束代数を証明することは望めない．2つのハミルトニアンのPoisson括弧が微分同相拘束に比例するからである(式(7.18))．更に，我々はハミルトニアンの作用を微分同相不変な状態の空間において定義したので，2つのハミルトニアンの交換子はゼロにならなければならず，実際にゼロになる．2つの拘束条件を連続して作用させるときの結果は，因子の違いを除いて考えれば，2本の線が加わることである．Ψに射影すれば，線を動かすことは任意なので，交換子はゼロになる．また，2つの拘束条件の交換子の右辺を，演算子化してΨに射影すると，やはりゼロになる．したがって少なくとも，この部分的な意味合いにおいて，異常や非整合性は存在しない(Thiemann (2008b))．

拘束条件の作用については，特に4価にグラフについて，もうすこし技術的な詳細があること，あるいは拘束条件の作用の対象となる状態の空間を特徴付けた方法が，かなり粗っぽいものであったことは，強調しておく必要がある．実際には，我々が論じたような演算子が単に存在するということを示すためにさえ，数学的に注意深い多くの検討が必要となる．また，我々は$\beta \neq i$の場合に現れる，難物に見えるハミルトニアンの第2項に関する議論もすべて省いた．これを扱う際にも，本章で用いたのと同じ技法を利用できることは，既に述べた通りである．この先の議論については，読者に対してThiemann (2008)を薦めておく．この文献では特に，2つのハミルトニアンの交換子を計算する際に考えるべきトポロジーや，この問題がどの程度まで量子異常を含まないと言えるのかについて言及されている．

関連文献について

Rovelli (2007)とThiemann (2008)の本が，本章の題材を含んでいる．

問題

1. 次のMandelstam恒等式を証明せよ．

$$W_{\gamma_1}[A]W_{\gamma_2}[A]W_{\gamma_3}[A]$$
$$= W_{\gamma_1 \circ \gamma_2}[A]W_{\gamma_3}[A] + W_{\gamma_2 \circ \gamma_3}[A]W_{\gamma_1}[A] + W_{\gamma_3 \circ \gamma_1}[A]W_{\gamma_2}[A]$$
$$- W_{\gamma_1 \circ \gamma_2 \circ \gamma_3}[A] - W_{\gamma_1 \circ \gamma_3 \circ \gamma_2}[A] \tag{8.28}$$

2. Mandelstam恒等式を論じているときに，読者はループγとηが共有する点を持たない場合にどうなるかと疑問に思ったかもしれない．このとき$\gamma \circ \eta$をどのように定義すればよいか？ループに沿ったホロノミーは，往復径路(図に示したような，元のループから離れる

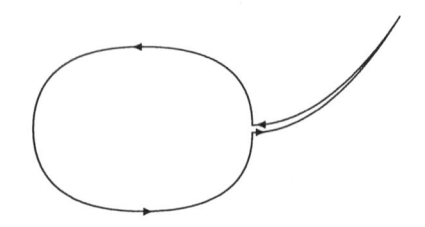

平行移動関数と，それを逆戻りする平行移動関数) を付け加えても，ループに沿ったホロノミーは変更されないことを示せ．そのような往復径路は "樹木曲線"（trees）と呼ばれる．このような径路を付け加えることにより，任意の2つのループに共有点を持たせることができる．

3. ハミルトニアン拘束を，ループ表現における演算子へ移行させるとき，我々は完全な式(7.12)の第1項だけを考察した．積分 $K = \int d^3 x\, K_a^i \tilde{E}_i^a$ を利用し，$K_a^i = \{A_a^i, K\}$ および $K = \{H(N=1), V\}$ を考慮して ($H(N=1)$ は単位経時によって不鮮明化したハミルトニアン拘束である)，第2項を演算子へ移行させる方法を説明せよ．

4. 本文で述べたように，ハミルトニアン拘束の作用は，スピン・ネットワークに線を加えることである．したがってスピン・ネットワークは新たな2つの結節点を持つことになり，それらは共面 (coplanar) の結節点である．$|s\rangle$ が共面の結節点を含まないスピン・ネットワークであると仮定して，$\langle s|\hat{H}|s\rangle = 0$ となる理由を論じよ．

5. Gauss のリンク数の式が，2つのリンクし合ったループについては1を，リンクしていないループについては0を与えることを示せ．ヒント：各々のループに単位電流を付与し，Ampère の法則を利用する．

6. 式(8.25)を証明し，式(8.26)が，Δ が点に縮む極限において，連続な理論におけるハミルトニアン拘束に帰着することを示せ．

第 9 章 ループ量子宇宙論

9.1 古典論

　第3章で論じたように，一般相対性理論を，時空の幾何が一様で等方的な計量を持つように近似して，宇宙全体に応用することができる．そのような種類のモデルでは，時間を遡って見てゆくと，不可避的にひとつの特異点，すなわちビッグバン特異点に遭遇することが結論される．量子重力理論に対する期待のひとつとして，量子重力は何らかの形で，ビッグバン特異点を消滅させる仕組みを与えるのではないかと考えられている．本章では，ループ量子重力を宇宙論に応用する方法を学ぶ．大筋において，前章で概説した考察を継続し，ハミルトニアン拘束によって消滅するような量子状態を見出すことになるが，更にここに付け加わる条件は，状態が近似的に一様かつ等方的であるということである．量子的な水準において，正確に一様で等方的な状態を期待することはできない．それは自由度の凍結を意味してしまい，動的な状態としては，量子力学における不確定性原理の観点から許容されないものである．残念ながら，この種の状態が完全な理論において扱われるべき状態なので，すべての複雑さがそこに集約される．量子力学的に等方性と一様性を導入することは，大変，挑戦的な課題なのである．それは最終的に成し遂げられるべき仕事であるが，一様で等方的な場合については，当面，他のアイデアに頼って，より効率的に理解を進展させることも期待される．

　正攻法に代わる研究方法がひとつ考えられる．理論を古典的に一様で等方的なものに還元しておいて，それから量子化を施したら如何だろう？　このようにすると，有限の自由度を持つ力学系が得られる．これは"ミニ超空間"(mini-superspace)の近似と呼ばれる．物理学におけるあらゆる近似と同様に，得られた結果が信頼できるかどうかは，近似の外側から検証されなければならない．しかしながらこの近似は，問題の解析のための出発点を用意する．この限定された文脈において，有限の自由度でループ量子重力の技法をそのまま展開することは期待できない．更に，Stone-von Neumann定理によれば，有限個の多自由度を持つ系において，あらゆる量子力学的な表示は互いに等価である．古典的な宇宙モデルを一様等方に還元してから，伝統的な変数を用いて量子化する方法で量子宇宙論を研究した人々は，特異点が除去されな

いことを見出した(たとえばKiefer (1988)). Stone-von Neumann定理を考慮すると，この限定された文脈の中で，異なる方法を工夫しても，異なる結果が導かれる望みはほとんどない．よって長年にわたり，このような方法は活発な研究の対象となる道筋ではなかった．しかしながらBojowald (2000)は，一様な宇宙論の文脈において，ループ量子重力の鍵となる挙動を模倣するような技法を導入できるという重要な発見をした．そして，この技法はStone-von Neumann定理の前提とされた連続の仮定のひとつを破るものなので，新たな結果への扉が開かれた．ここから人々は，ループ量子宇宙論において特異点は解消されるであろういう注目すべき予言を行った．本章では，これらの結果のいくつかを吟味する．

一様性と等方性を備えた平坦な宇宙モデルにおいては，不変距離が次のように簡単な形を取ることを思い出そう(式(3.17))．

$$ds^2 = -dt^2 + a(t)^2 (dx^2 + dy^2 + dz^2) \tag{9.1}$$

この計量は，対角的なAshtekar変数から得られる．

$$A_a^i = c\delta_a^i \tag{9.2}$$

$$\tilde{E}_i^a = p\delta_i^a \tag{9.3}$$

cとpは，$a(t)$とその時間導関数に関係づけられる関数である．古典論の解においては，以下で見るように$a^2 = |p|$で，cは$\dot{a}(t)$に比例する．必ずしもAshtekar変数を対角行列になるように選ぶ必要はないが，議論を簡単にするために，ここではこのように設定しておく(この設定には自動的にGauss拘束が満たされるという利点がある)．cとpは，A_a^iと$\tilde{E}_i^a$のPoisson括弧の関係を引き継いで，正準共役になっている[§]．

$$\{c,p\} = \frac{6}{3}\pi G\beta \tag{9.4}$$

βはBarbero-Immirziパラメーター，GはNewton定数である．加重度化した3脚場（トライアド）の規格化条件として，前章とは異なる定数を選択していることに注意してもらいたい．本章ではループ量子宇宙論の文脈において慣用的な流儀に合わせる．上述のように，A_a^iをcによって与えると，そこから曲率も計算される[†]．

$$F_{ab}^k = c^2 \epsilon_{ab}^k \tag{9.5}$$

これらを用いて，ハミルトニアン拘束を書き直す．

[§](訳註) 変数記号cは，おそらくconfiguration variable (配位変数)の頭文字から採ったものである．pはその正準共役運動量にあたる．

[†](訳註) p.93 訳註参照．

9.1. 古典論

$$H_G = \frac{\epsilon^{abc}\epsilon_{ijk}\tilde{E}_i^a\tilde{E}_j^b F_{ab}^k}{\sqrt{\det(q)}} + \frac{(\beta^2+1)}{\beta^2}\frac{(\tilde{E}_i^a\tilde{E}_j^b - \tilde{E}_j^a\tilde{E}_i^b)(A_a^i - \Gamma_a^i)(A_b^j - \Gamma_b^j)}{\sqrt{\det(q)}} \quad (9.6)$$

$$= -\frac{6}{\beta^2}c^2\sqrt{|p|} \quad (9.7)$$

前に言及したように,この理論は真空における唯一の解として,平坦な空間を持つ.現実的な状況を扱うためには,重力理論を物質と結合させる必要がある.我々がここで物質として便宜的に利用するのは,第7章でやや詳しく論じたスカラー場である.ただし,ここで扱うスカラー場は,あらかじめ一様なものと見なす.微分同相拘束は,一様性のために自動的にゼロになる.ポテンシャルを持たない場によるハミルトニアン拘束への寄与は $H_\varphi = 8\pi G p_\varphi^2/|p|^{3/2}$ という極めて簡単な形になる.ここでは密度を表すチルダ記号をすべて省いたが,それは通常の力学系と同様に,変数を時間だけの関数と見なすからである.ハミルトニアン拘束は,共通分母を付け加えて関連文献の流儀に合わせると $H = (H_G + H_\varphi)/(16\pi G)$ と表される.共通分母の追加は経時(ラプス)の尺度変更と等価な措置である.

この宇宙論の古典的な力学を調べてみよう.スカラー場 φ 自体は,このハミルトニアン拘束に現れないので,p_φ は運動の定数である.これ以降,単位経時(ラプス) $N = 1$ を選ぶことにすると,φ の運動方程式は $\dot{\varphi} = p_\varphi/p^{3/2}$ である.p の運動方程式は,次のようになる[‡].

$$\dot{p} = \{p, H\} = -\frac{8\pi\beta G}{3}\frac{\partial H}{\partial c} = \frac{2\sqrt{|p|}c}{\beta} \quad (9.8)$$

他方,$H \propto (H_G + H_\varphi) = 0$ なので,次式を得る.

$$c = \frac{2\sqrt{3\pi}\beta G}{3}\frac{p_\varphi}{p} \quad (9.9)$$

したがって,運動方程式は,

$$\dot{p} = \frac{4\sqrt{3\pi}G}{3}\frac{p_\varphi}{\sqrt{|p|}} \quad (9.10)$$

となり,これは即座に積分できて,次式が得られる.

$$p^{3/2} = \frac{8\sqrt{3\pi}G}{3}p_\varphi t \quad (9.11)$$

[‡](訳註) p の正準運動方程式に適用するハミルトニアンには,経時(ラプス)を $N = 1$ と置いて,全ハミルトニアンを(ここではハミルトニアン拘束を)充てればよい.4.4節の自由粒子の取扱いを参照.重力を一般的な形で扱おうとすると,時間発展を考えることは容易ではないが(式(7.11)の後の部分の記述を参照),ここでは宇宙モデルを平坦化することによって問題を著しく単純にしているために,このような措置によって簡便に運動方程式を利用することができる.

これは、$t=0$ において宇宙の体積がゼロになることを示しており、そこはビッグバン特異点になる。宇宙論の伝統的な教科書では、上の運動方程式を"Hubble パラメーター[1]" $\mathcal{H} = \dot{p}/(2p)$ と、スカラー場の物質密度 $\rho = p_\varphi^2/(2|p|^3)$ を用いて、次のように書いてある。

$$\mathcal{H}^2 = \frac{8\pi G}{3}\rho \tag{9.12}$$

この式は、宇宙論の文献において"Friedmann 方程式"と呼ばれている。我々は、ループ量子宇宙論によって、この式が修正されることを後から見る予定である。

9.2 伝統的な Wheeler-De Witt 量子化

ここまで我々は、有限個の自由度を持つ系における変数の変更だけを行ってきたので、物理的な内容に変更のないことは明らかである。ループ量子重力に並行するような概念を利用して系に量子化を施す際に、興味深いことが起こり始める。一方、前節で考察した力学系を、相空間変数 $(c, p, \varphi, p_\varphi)$ を用いて考え、それをそのまま量子化すると、伝統的な量子宇宙論が再現される。まずは、これを簡単に見てみよう。p, φ 表示を選ぶと、$\hat{p}$ と $\hat{\varphi}$ は状態に対して単に乗法的に作用することになり、残りの $\hat{c}$ と $\hat{p}_\varphi$ の作用は次のようになる。

$$\hat{c}\Psi = i\hbar \frac{8\pi\beta G}{3}\frac{\partial \Psi}{\partial p} \quad \text{and} \quad \hat{p}_\varphi \Psi = -i\hbar \frac{\partial \Psi}{\partial \varphi} \tag{9.13}$$

ハミルトニアン拘束の量子力学版を即座に書くことができるが、これは "Wheeler-De Witt 方程式" として知られている。このハミルトニアン拘束の形から、p_φ が運動の定数であることが容易に分かるので、場 φ は各々の古典的な軌道において単調関数である。よって、φ のことを"時間"のように見なし、Wheeler-De Witt 方程式を、この"発現時間"(emergent time) に関する発展を表す方程式として捉えることができる。この文脈において p_φ は Dirac 観測量である。Dirac 観測量はもうひとつあって、それは、指定された時刻における宇宙の体積 V_φ に対応する。これらが、このモデルにおける完全な Dirac 観測量の組になる。Dirac 観測量が自己共役であることを要請すると、内積も一意的に決まる。ここでは詳細を扱わないが、関心のある読者は Ashtekar, Pawlowski, and Singh (2006) を参照してもらいたい。それから、古典的な解の付近にピークを持つ波束を構築することができる。これは、宇宙の体積とその正準共役変数との間の不確定性が小さい状態であって、そこから我々の時計 φ の

---
[1] "Hubble 定数"と呼ばれることもある。本当は時間の関数であるけれども。

関数として状態の発展を調べることができる．最終的な結果としては，ビッグバンに至るまでずっと不確定性の小さい状態が保持されてしまうので，特異点付近で大きな量子効果が状況を変えるという予想は実現せず，このモデルでは量子化によって特異点が解消されない．

9.3 ループ量子宇宙論

ループ量子化の鍵となった2つの要素を思い出そう．基本的な量子力学的演算子はホロノミーと3脚場流束(トライアド・フラックス)の演算子を用いて与えられた．ここでは一様な空間を扱うので，単純に繰り返される"基本胞(エレメンタリー・セル)" (elementary cell) を考えて，その胞(セル)の力学だけを集中的に考察すればよい．この胞(セル)の接続を，式(9.2)と同じく $A_a^i = c\delta_a^i$ と置いて，この胞(セル)の周囲を巡回するループのホロノミーを構築してみよう．この接続は単位行列に比例しているので，線に沿った通常の c の積分を考えることができる．一様性の仮定により，この積分は c と胞(セル)の縁(ふち)の長さ λ の積になり，ホロノミーは $h_\lambda = \exp(i\lambda c)$ と与えられる．関連文献の中には，基本胞(セル)の体積が自由パラメーターなので，これをあらわに示しているものもあるが，本節では数式が最も簡単な形になるように体積を選んであると仮定する．体積はループ表現において，よく定義された演算子になる．一方，接続の役割を担う変数 c は，このモデルのループ表現では演算子として存在しないが，3脚場(トライアド)の役割を担う量 p の方は量子力学的な演算子として存在する(一様性のために3脚場(トライアド)と3脚場流束(トライアド・フラックス)の区別はさほど重要にはならない)．これは驚くべきことに思えるかもしれない．$\hat{h}_\lambda$ の λ に関する微分を考えることによって，演算子 $\hat{c}$ を定義できるのではないだろうか？ もし $\hat{h}_\lambda$ の λ を用いた表示が連続的であれば，答えはもちろんイエスである．しかしながら，ここではループ量子重力全体で起こることと並行する形で $\hat{h}_\lambda$ の導入を考えるので，ホロノミーが λ に対して連続的とは見なせなくなる§．この部分において Stone-von Neumann 定理の前提となる仮定が破られ，非自明な状況の現れる余地が生じる．このようにして，この単純な量子力学的文脈から，ループ量子重力において起こっていることの概観を捉えることができる．

上述のことは，掴みどころのない話のように感じられるかもしれない．何故，我々は，既に知っている量子力学において，そのような表示に遭遇しなかったのだろうか？通常の量子力学において，我々が必要とするのは演算子 $\hat{x}$ そのものであって，その指

---

§(訳註) 巨視的には空間を一様と見なす宇宙モデルであっても，元々の接続 A_a^i の '分布' としての性質 (8.1節の末尾 [p.108] の記述を参照) が c にも潜在的に備わっているとする立場を取るならば，$\exp(i\lambda c)$ が連続的とは言えない．A_a^i は，よく定義された演算子とは言えないまでも，(乗法的な) 演算子と見ることが一応は可能であったが，その '分布的' な性質を形式的に '平均化' した c は，もはや演算子としての定義を与えることが不可能である．

数関数ではない．しかしループ量子重力では，すでに論じたように，ホロノミーを用いた表現(表示)が，利用できる"唯一の"表現である．これら2つの文脈が劇的な違いを見せる主たる理由は，ループ量子重力の方だけに背景独立な微分同相不変性が導入されているからであり，異なるタイプの表示が現れることは驚くべきことではない．宇宙論では如何だろう？宇宙論では，力学系のモデルを扱うので，選択の余地がある．前節で行ったように，その力学系を通常の方法で扱うことも可能である．しかしながら，そのような扱い方は，ループ量子重力の全体像と並行するような方法にはならない．宇宙論モデルに関しては，それが力学系であるにしても，本節でこれから扱うような表示を用いるほうが，より自然である．

表示の構築へと議論を進めよう．通常の量子力学とよく似た運動学的な Hilbert 空間 (kinematical Hilbert space) を導入する．そうすると，我々は演算子について具体的に論じることができる．そのような空間において，乗法的な演算子として定義される $\hat{p}$ は自ずから自己共役になる．運動学的な Hilbert 空間における重力的な部分を，$\hat{p}$ の固有状態を基底として記述することができる．一般の状態 $|\Psi\rangle$ は，

$$|\Psi\rangle = \sum_i \Psi_i |p_i\rangle \tag{9.14}$$

という形で表される．$|p_i\rangle$ は正規直交基である．

$$\langle p_i | p_j \rangle = \delta_{ij} \tag{9.15}$$

ここまでは，自由粒子を扱うような，既に慣れ親しんでいる量子力学とすべて同じようにも見える．しかし重大な違いもある．任意の状態が，p の"可付番の"固有状態を用いた和によって表されるのであって[‡]，連続的な積分によって与えられるのではない．そして基底同士の内積は Kronecker のデルタであって，Dirac のデルタ関数ではない．したがって，この空間には，平方可積関数による通常の内積が適用されるわけではない．これはもちろん Ashtekar-Lewandowski 測度によるループ状態の内積の与え方に，より似ている．ここから宇宙論における深遠な帰結が導かれることになる．基本的な演算子の作用は，次のように与えられる．

$$\hat{p}|p\rangle = p|p\rangle \quad \text{and} \quad \hat{h}_\lambda |p\rangle = |p+\lambda\rangle \tag{9.16}$$

これらは通常の量子力学における $\hat{p}$ と $\exp(i\lambda x)$ の作用にちょうど対応する形になっている．しかしながら，λ に関して連続では"ない"．$\lambda \neq \lambda'$ であれば $|p+\lambda\rangle$ と $|p+\lambda'\rangle$ は直交するからである．したがって，$\hat{h}_\lambda$ の λ に関する微分を取ることは不可能であ

[‡] (訳註) 運動量変数 p は，3脚場 $\tilde{E}_i^a$ に対応している (式(9.3))．3脚場が連続的ではなく，離散的(分布的)であることは，8.2節において見た．

り，演算子 $\hat{c}$ を定義することができない．先ほど述べたように，ループ量子重力の形式による量子化は，連続性の欠如のために，宇宙論モデルのような単純な設定においてさえ Stone-von Neumann 定理の前提を崩すのである．

9.4 ハミルトニアン拘束

運動学の形式の準備ができたので，次に，ハミルトニアン拘束を表す，よく定義された演算子を構築しなければならない．c に対応する演算子が存在しないので，式 (9.7) を単純に量子力学的な演算子へ移行させることはできない．そこで，別の式の形を考える[2]．

$$16\pi G H_{\text{effective}} = -\frac{6}{\beta^2}|p|^{1/2}\frac{\sin^2(\mu_0 c)}{\mu_0^2} + 8\pi G \frac{1}{|p|^{3/2}}p_\varphi^2 \tag{9.17}$$

つまり，ここでは $c \to \sin(\mu_0 c)/\mu_0$ という置き換えを施した．よって上式は $\mu_0 \to 0$ の極限において，元々のハミルトニアン拘束に一致する．正弦関数をホロノミー h_{μ_0} によって容易に展開できるので，この式を量子力学的な演算子として表すことも簡単である．しかしながら，ここで扱い難い部分は，ループ表現が持つ本来的な離散性のために，得られる量子力学的な式において $\mu_0 \to 0$ という極限操作が許容されないことである．この量子論は，少なくともある領域において，半古典的極限として通常の一般相対性理論を持つことができない．μ_0 の極限操作を調べることができないならば，そのようなパラメーターをどのように扱えばよいのだろう？ このように人為的に導入されたパラメーターに対して，どのような値を与えればよいのか？ ここで考えたいのは，何故，量子論において極限操作ができないのかという問題の根源である．今，c の役割をホロノミー h_{μ_0} に置き換えることを考えている．$\mu_0 \to 0$ の極限は，ホロノミーを計算するループが点にまで縮むことに対応する．ここで扱っているループ量子宇宙論の極めて単純な文脈において，残されている唯一の問題は，ループの長さ μ_0 がゼロに近づく場合のことである．完全な理論において最終的に扱われるべきループは，現実の面積を囲うことのできる現実のループである．我々は既にループ量子重力において面積が量子化されることを知っているので，ループの大きさをゼロまで縮ませることができないのは驚くべきことではない．このことから μ_0 の自然な値は，面積演算子 $\ell_{\text{Planck}}^2 \beta$ の最小固有値から決まるものと考えられる．その値は $\mu_0 = 3\sqrt{3}/2$ である．

---

[2] このやり方の代わりに（そしてより正確に）Thiemann がその完全な理論の中で導入した方法と似た手続きにしたがって，量子力学的なハミルトニアン拘束を得ることもでき，最終的な結果は同じになる．Ashtekar, Pawlowski, and Singh (2006) を参照．

9.5 半古典的な理論

我々はここで,完全な量子論を紹介するわけではない.完全に量子化された理論の取扱いについてはAshtekar, Pawlowski, and Singh (2006)を見てもらいたい.本節で考察するのは,極めて有用であることが判明している別の手続きについてである.有効ハミルトニアン拘束(9.17)において,前節末尾で示したμ_0の値を採用し,その古典力学を調べる.そのような式が,量子論の半古典的な極限において得られるハミルトニアンに対応することは明白である.運動方程式を見てみよう.

$$\dot{p} = \{p, H_{\text{effective}}\} = -\frac{8\pi\beta G}{3}\frac{\partial H}{\partial c} = \frac{2|p|^{1/2}}{\beta\mu_0}\sin(\mu_0 c)\cos(\mu_0 c) \tag{9.18}$$

これを,Friedmann方程式(9.12)の修正という形で表すこともできる.

$$\mathcal{H}^2 = \frac{\dot{p}^2}{4p^2} = \frac{8\pi G}{3}\rho\left(1 - \frac{\rho}{\rho_{\text{crit}}}\right) \tag{9.19}$$

ここで,臨界密度ρ_{crit}は次式で与えられる.

$$\rho_{\text{crit}} = \left(\frac{3}{8\pi G\beta^2\mu_0^2 p}\right) \tag{9.20}$$

見て判るように,$\mathcal{H}^2$を与える式は,ここでは正定値になっていない.次の条件下で$\mathcal{H}^2$はゼロになる.

$$\rho = \rho_{\text{crit}} = \left(\frac{3}{8\pi G\beta^2\mu_0^2}\right)^{3/2}\frac{\sqrt{2}}{p_\varphi} \tag{9.21}$$

したがって,宇宙の時間発展を逆に遡ってゆくと,やがて$\mathcal{H}^2$がゼロになる点に到達する.そこからさらに遡って見てゆくならば,宇宙は再び膨張に転じる.つまり,ビッグバンが"反跳"(bounce)に置き換えられている.ρ_{crit}の値はp_φに依存し,任意であることに注意してもらいたい.このことは,反跳が任意の密度で起こり得ることを意味する.これはループ量子宇宙論を構築するための初期の試みにおいて,深刻な欠点であった.しかしながら,その後,理論が洗練されて,μ_0パラメーターが正準変数に依存する形で扱われるようになり,その結果として臨界密度の値も確定した(Ashtekar, Pawlowski, and Singh (2007)).方程式の形に変更はなかったが,臨界密度は$\rho_{\text{crit}} \sim \rho_{\text{Planck}} \sim 10^{100}$ kg/m^{3}に固定された.これが,宇宙の縮小が終わって"反跳"が起こるときの密度である.この値はPlanck密度そのものより小さいけれども,それに近い値である.Planck密度に比べてはるかに密度が低い条件下では,この理論は一般相対性理論と近似関係になっている.しかしながら,過去に遡って宇宙を見てゆくと,密度が増大してゆき,やがて一般相対性理論との重大な乖離が生じ

9.5. 半古典的な理論

る．ρ/ρ_{crit}は宇宙の縮小速度に対して，符号の異なる寄与を持つことに注意してもらいたい．これを見ると，この項が実際にビッグバン特異点を解消することの助けになっていることは驚くにあたらない．この反発の起源は何だろうか？ 我々は，面積や体積の最小量子を持つ理論によって扱われる対象が，最小量子よりも小さく縮むことを拒むという描像を思い描くことができる．

上述の解析には，少々誤解を生じる面もある．我々は，本節において理論の半古典近似を扱うと宣言した．この近似が$\rho \sim \rho_{\text{crit}}$となる領域までよい近似であり続けるとは考えにくい．したがって，ここでの解析から，ビッグバン特異点が解消されると自信を持って結論づけることはできない．しかしながら，ループ量子重力の完全に量子力学的な取扱いからも，同様の結論が導かれる．そのような議論はAshtekar, Pawlowski, and Singh (2007)に見られる．ビッグバンは，やはり"ビッグバウンス"に置き換えられ，さらなる過去に向けて宇宙は再び膨張を始める．また，先ほども言及したように，現代的な取扱いにおいてμ_0は定数ではなく，力学変数と見なされる．基本ループの長さが計量に依存することは明らかで，かつ計量は力学変数だからである．このことを考慮に入れると，ループ量子宇宙論はさらに改善されたものになる．たとえばρ_{crit}が正準変数に依存しなくなり，単なる基礎定数の組合せによって与えられる定数になる．つまり，すべての可能な解において，量子重力効果が重要になる密度の値が固定されるのである．これは，解の選び方によって量子重力の影響の現れ方が異なるという見方よりも，整合的で満足のいくものである．

我々は，量子化の取扱いを全面的に詳しく扱うことをせず，最近の進展をすべて示すこともしなかったが，それでも本章において，この分野において何が進行しているのかという雰囲気を伝えることができたものと期待したい．読者は特に，次のことに注意しなければならない．ループ量子宇宙論は，完全な理論のある領域に対する総体的な近似になるというものではなく，むしろ完全な理論の一部を切り出して見せているものである．考察の対象とした簡単なモデルによって，完全な理論の中のある領域を近似できていることを確認するための唯一の方法は，より複雑なモデルへと考察を進めていって，そこでも既に得られている結論が保持されることを確認するに尽きる．現在までに調べられたモデルは，何れもまだ極めて単純なものであり，ループ量子重力によって特異点が除かれることが確定したと受け取るべきではない．現在，非等方的な宇宙論モデルの検討が進められており (たとえばBojowald (2004), Ashtekar and Wilson-Ewing (2009))，計量が空間依存性を持つようなモデルに関する部分的な結果も見いだされている (Garay et al. (2010), Gambini and Pullin (2008b))．これらは未熟な段階にあって，まだ確定的な結論を引き出すことはできないけれども，最も単純な一様等方モデルによる結果を支持しているように見える．現在まで扱われて

いる単純なモデルから集められたヒントが，完全な理論の挙動と本当に関係を持つかどうかを示すためには，特に，一様でないモデルを含めたさらなる検討が必要である．

関連文献について

Ashtekar and Singh (2011) と Singh (2011) のレビュー論文は，ループ量子宇宙論の教育的な紹介になっている．Bojowald (2008) による *Living Reviews* の論文も，この分野をよくまとめている．

問 題

1. Friedmann-Robertson-Walker 時空におけるハミルトニアン拘束の式を導出せよ．
2. Ashtekar, Pawlowski, and Singh (2006) を参考にして，Wheeler-DeWitt 理論において構築される波束が特異点を持つことを示せ．
3. 本章において論じたループ量子宇宙論モデルから得られる実効的な式を数値的に調べて，特異点の発生が回避されることを示せ．

第 10 章　発展的な話題

ハミルトニアン拘束を扱い，適切な物理的変量を定義することは難しいが，それでもある種の特別な状況下に関して，いくらかの展開を見ることができる．それらの結果を本章で簡単にまとめてみる．それぞれについて詳細な議論はできないけれども，この分野の最新の概況を紹介する．

10.1　ブラックホール・エントロピー

10.1.1　ブラックホールの熱力学

第3章において，ブラックホールの概念を導入した．一旦，ブラックホールの時空領域に入ったものは，もはやそこから逃れることができない．ブラックホールは，Einstein方程式の解のひとつであるSchwarzschild解に関係している．

$$ds^2 = -\left(1 - \frac{2GM}{c^2 r}\right)dt^2 + \left(1 - \frac{2GM}{c^2 r}\right)^{-1} dr^2 + r^2(d\theta^2 + \sin^2\theta\, d\varphi^2) \quad (10.1)$$

捕獲されたものが逃れられなくなる領域は $r < 2M$ であり，その表面 $r = 2M$ は"事象の地平"(event horizon) と呼ばれる．この解は，発表されてからわずか1年後に，電荷を持つブラックホールの場合へと一般化された．それがReissner-Nordström(ライスナー ノルドシュトルム)解である．それから角運動量を持つブラックホールを表す解が見いだされるまでに，ほとんど半世紀を要し(Kerr(カー)解)，角運動量と電荷を持つ解の発見は，さらにその後になった(Kerr-Newman(ニューマン)解)．注目すべきことに，Reissner-Nordström解が，球対称なブラックホールを表す解として一意的なものであることが示された(Israel (1967))．この結果は後に一般化されて，軸対称なブラックホール解としては，Kerr-Newman解が一意的であることも示された (Carter (1971))．結局，如何なるブラックホールも，質量，電荷，および角運動量という3つのパラメーターだけによって特徴づけられる．これは驚くべき結果である．Newtonの重力理論の状況と比べてみよう．あらゆる物体の質量に伴う重力ポテンシャルは，$1/r$ の冪(べき)に展開すると，最初の項として $1/r$ を持つが，それ以降の高次項において，対象としている物体の形状に関係する無

数の異なるパラメーターを持ち得ることになる．読者は，何故，ブラックホールもこれと同じようにならないのか疑問に思うかもしれない．もし球対称でない，形のいびつな星(たとえば2つの星が衝突してできたもの)が崩壊してブラックホールになったときでも，角運動量さえなければ，同じ質量や電荷を持つ球対称な星から出来たブラックホールと全く同じものになるのだろうか？ あるいは，初めにブラックホールがあって，そこに星をひとつ投入するとする．その後のブラックホールは，質量が増える以外には，何の新たな属性も付け加わらずに，元と同じ性質を持つブラックホールになるのだろうか？ 答えはイエスである．球対称でない物体がブラックホールに衝突すると，最初，ブラックホールは歪むけれども，事象の地平が振動を始めて，その過程で重力波を放射する．結局，すべての追加的な情報は放射によって逃避する．衝突前の状況として角運動量と電荷がなければ，ブラックホールは再びSchwarzschild状態へと漸近してゆく．

　最初に質量 M，角運動量 L，電荷 Q を持つブラックホールがあったとしよう．そこに荷電粒子を落とし込むことによって，ブラックホールの質量，電荷，角運動量を変えることができる．特に驚くべきことには，ブラックホールから"Penrose過程"(Penrose process)を通じて，エネルギーを引き出すことさえ可能である．粒子をブラックホールに近づける条件を注意深く選ぶことによって，ブラックホールの角運動量や電荷を減らし，その全エネルギーを低下させることができる．しかし，この方法で引き出せるエネルギーには限度がある．Christodoulou and Ruffini (1971) は，最初のブラックホールの質量，角運動量，電荷が指定されたときに，そこからエネルギーを最大限に引き出そうとしても，それ以上に質量を減らせない"既約質量"(irreducible mass)の値が決まることを示した．これは次式で与えられる ($G=c=1$ の単位系を用いる)．

$$M_{\mathrm{irr}} = \frac{1}{2}\sqrt{\left(M+\sqrt{M^2-Q^2-a^2}\,\right)^2+a^2} \tag{10.2}$$

$a=L/M$ はKerrパラメーターである．電荷も角運動量も持たないブラックホールからエネルギーを引き出すことは不可能であり，その場合は最初から $M=M_{\mathrm{irr}}$ である．興味深い点は，ブラックホールの事象の地平の面積(ブラックホールの表面積)が $A=16\pi M_{\mathrm{irr}}^2$ と与えられることである．したがって，ブラックホールに擾乱を与えることによって，事象の地平の面積を減らすことはできず，表面積を増やすことだけが可能である．Hawking (1971) も彼らとは独立に，極めて一般的な論法によって，如何なる過程によってもブラックホールの表面積を減らせないことを証明した．この結果の含意のひとつは，もし2つのブラックホールが互いに衝突して合体したならば，そこで得られるブラックホールの表面積は，必ず衝突前のそれぞれのブラックホール

10.1. ブラックホール・エントロピー

の表面積の和以上になるということである．このことを受けて，Bekenstein (1973) を含む数人の研究者が，ブラックホールの表面積は，熱力学系のエントロピーのように振舞うことを論じた．

ブラックホールの表面積は減ることがないという性質と，エントロピーが減ることがないという性質の間に類似性を考えるのは，一見すると突拍子もないことのように思われる．我々はブラックホールが，Newton 重力理論における大きな質量を持つ質点の，一般相対性理論における類似物であることを論じた．通常，エントロピーの概念は，単一の質点のような系には適用されない．しかしながら，ここは Newton 重力理論と一般相対性理論の違いが重要となる局面である．ブラックホールは M, Q, L の 3 つのパラメーターによって完全に特徴づけられることは既に述べた．ブラックホールを形成した物質に関するすべての情報は，事象の地平が存在することによって，3 つのパラメーターの情報だけを除き，獲得できなくなってしまっている．エントロピーは，物理系に関する情報の欠如に関係する概念であり，そのような性質はブラックホールに明らかに備わっている．また，通常の熱力学において，エントロピーの増大は，系のエネルギーの劣化に関係している．このエネルギーの劣化とは，エネルギーの総量の中で，仕事に変換できなくなる部分が増えるという意味である．これと同様に，ブラックホールでは如何なる過程によっても，それ以上にエネルギーを引き出すことができないような既約質量があるが，これは一般にブラックホールが，仕事に変換できないエネルギーを内在させていることを意味する．ブラックホールの表面積の増大 (すなわち M_{irr} の増大) は，ブラックホールのエネルギーが劣化したことを表す．Schwarzschild ブラックホールの場合，その質量はあらかじめ既約質量に等しいので，それが持つエネルギーを仕事に変換することは一切できない．これは，熱平衡状態にある熱力学系の類似物にあたる．しかし，2 つの Schwarzschild ブラックホールを衝突させるならば，重力波の放射の形で，そこから仕事を引きだすことができる．このことは，個別に熱平衡状態にある 2 つの系を互いに熱的に接触させれば，そこから仕事を引き出せるという状況に比せられる．

熱力学的な類推をさらに進めて，ブラックホールに関する熱力学の第 1 法則を考える．まず，通常の熱力学における第 1 法則を思い出そう．

$$dE = TdS - PdV \tag{10.3}$$

dE はエネルギーの変化，dS はエントロピーの変化，dV は体積の変化，T は温度，P は圧力である．ブラックホールに関する第 1 法則を調べるために，

$$r_{\pm} = M \pm \sqrt{M^2 - Q^2 - a^2} \tag{10.4}$$

という 2 種類の距離を新たに定義して，事象の地平の面積の式を書き直してみる．

$$\frac{A}{4\pi} = r_+^2 + a^2 = 2Mr_+ - Q^2 \tag{10.5}$$

ここでは，既約質量の定義 (10.2)，それと事象の地平の面積との関係 ($A = 16\pi M_{\text{irr}}^2$)，および最後の部分では単純な代数的恒等関係を利用した．電荷と角運動量を持つブラックホールの場合には"外部の"地平 ('exterior' horizon) r_+ と"内部の"地平 ('interior' horizon) r_- が存在する．外部の地平は「引き返すことができなくなる表面」に対応する．これに対して内部の地平は，宇宙における初期データがすべて与えられたとしても，そこから先へは幾何学を拡げて適用できないという面に対応する (これは 'Cauchy 地平' と呼ばれる不安定な面である)．この式の微分を考えて，dM について解くと，次式が得られる．

$$dM = \Theta \frac{dA}{4\pi} + \vec{\Omega} \cdot d\vec{L} + \Phi dQ \tag{10.6}$$

ここで $\Theta = (r_+ - r_-)/(4(r_+^2 + a^2))$，$\vec{\Omega} = \vec{a}/(r_+^2 + a^2)$，$\Phi = Qr_+/(r_+^2 + a^2)$ である．この式が熱力学第1法則の，ブラックホールの文脈における類似物である．$\vec{\Omega} \cdot d\vec{L}$ の項と ΦdQ の項は，PdV と同様の仕事の項として解釈される．すなわちブラックホールの角運動量を $d\vec{L}$ 変化させたり，ブラックホール電荷を dQ 変化させるような，ブラックホールに投げ込んだ粒子や何らかの擾乱要因によって為される仕事に対応する．最も注目すべきことは，TdS に相当する項が，先ほど暗示したことを明瞭に示している点にある．ブラックホールのエントロピーは $S = A/(4\pi)$ に同定される．ここで唯一の不自然な要素は，Θ が温度の役割を果たしていることである．ブラックホールとしての古典場の構成に関するパラメーターが，温度に対応するということは，何を意味するのだろう？

10.1.2　Hawking 輻射

Hawking は 1975 年に，ブラックホールの熱力学的な類推に完全に適合するような注目すべき発見をした．彼はブラックホールの背景下での量子場の伝播を研究することにより，ブラックホールが輻射を放ち，その輻射温度がまさに上述の第1法則において現れた Θ という量によって与えられることに気付いた．Hawking による完全な結果の導出はあまりに長く，本書で扱うことはできないが，たとえば Carroll (2003) の本で紹介されている．ここでは，その効果がどのように生じるかという概念を与えることにする．これを行うために，曲った時空における場の量子論について簡単に考察する必要がある．このために，6.2節で見た手続きを，曲った時空におけるスカラー場を対象として再びたどってみる．ラグランジアンは，7.3節で示したように，

10.1. ブラックホール・エントロピー

$$L = \int d^3x \sqrt{-\det(g)}\left(-g^{\mu\nu}\partial_\mu\varphi\partial_\nu\varphi - V(\varphi)\right) \tag{10.7}$$

と与えられる(式(7.19)参照).主要な修正箇所は,採用される計量がMinkowski計量ではなくなり,積分計算において,計量の行列式をあらわに含めなければならない点にある.このラグランジアンから導かれる運動方程式として,曲った時空における波動方程式が得られる.ここでは質量mの自由なスカラー場を考えるので,$V(\varphi) = m^2\varphi^2$と置くと,このスカラー場の波動方程式は,次のように与えられる.

$$g^{\mu\nu}\nabla_\mu\nabla_\nu\varphi - m^2\varphi = 0 \tag{10.8}$$

6.2節と全く同様に正準変数を定義することができ,それらは同じ交換関係に従う.それから正準変数を量子力学的な演算子へ移行させる.次の段階では,物事の変化を考える.式(6.33)では,量子場のFourier分解を行って,正振動数の項と負振動数の項を分けた.ここでもFourier分解を行うことはできるが,波動方程式が式(10.8)のように変更されているために,各モードは相互に結合することになる.これに代わる方法がある.Fourier分解は$\exp(ik_\mu x^\mu)$を基底関数とする関数の展開であるが,この基底関数は式(10.8)の解ではない.式(10.8)の解を基底関数とする場の展開は可能だろうか? その答えは肯定的なものであり,基底関数系を見出して,それらによるモード展開を行うことができる.この基底関数をf_iと書くことにしよう(添字iは,計量$g^{\mu\nu}$が与えられたときの式(10.8)の性質に依存して,離散的になる場合も連続的になる場合もあり得る).そうすると,場は,

$$\hat{\varphi} = \sum_i \left(\hat{a}_i f_i + \hat{a}_i^\dagger f_i^*\right) \tag{10.9}$$

と表される.式(10.8)によって含意される発展の下で保存されるように適切に定義された内積の下で,ここでの基底関数系は正規直交系を成す.生成演算子と消滅演算子に関して,通常の交換関係が得られ,平坦な時空における場合と同じように真空状態を構築できる.これで満足な状況が得られただろうか? 答えはイエスであるが,重要な但し書きも必要である.このような量子場の構築は,一意的なものではない.異なるモードg_iの組を選んで,量子場を構築することも可能である.ある構築方法の下で決めた真空状態は,別の構築方法の下で決めた真空状態に対応しない.平坦な時空では,好ましい座標の組と,好ましい時間の選び方があり,それらを用いた好ましい真空の定義を採用することができた.しかしながら一般的な曲った時空では,このような便利な性質が失われることになる.

この問題は,慣性系以外の座標系にいる観測者を許容するならば,平坦な時空における粒子の定義にまで及んでくる.よく知られているように,平坦な時空において加

速している観測者は，曲った計量を見ることになる (たとえば Ehrenfest の回転木馬のように). そのような観測者は，曲率を計算することによってのみ，自分が平坦な時空にいることを知り得る. 上述のように量子場の構築へ手続きを進めるならば，やはり非自明な $g^{\mu\nu}$ が現れ，ここでも真空状態の非一意性の問題が生じる. つまり慣性系における粒子検出器が，我々が真空状態の中にいることを示しているとしても，同じ状況下において，加速している粒子検出器は粒子を検出するのである. この現象は"Unruh効果"と呼ばれている.

これと同様の効果が，ブラックホールからの粒子の輻射という Hawking の概念の核心にある. 観測者が，Schwarzschildブラックホールの中心から決められた距離を隔てた位置に静止しているものとしよう. その観測者は慣性系に属していない. 慣性系の観測者を考えるならば，その人はブラックホールの中心に向けて自由落下をしていなければならない. 真空を定義するための自然な場所が慣性系であると仮定しよう. その真空状態を，固定された位置にいる観測者の座標系に戻って見ると，観測者は粒子を観測することになる. これが Hawking 輻射として放たれる粒子である.

Hawking 輻射の概念を，より視覚的に捉えるためには，図6.2 (p.84) に示したような仮想的な粒子対の生成を考えればよい. ブラックホールの事象の地平付近で粒子の対が生成されて，その一方はブラックホールに落ち込み，もう一方は無限遠へと逃避するならば，それはブラックホールが輻射を放っているということになる. これは略式の描像であって，正しい説明は先ほど与えた通りであるが，このような簡単な見方にも，実際に起こることに対する直観的な理解を助ける面はある. また，この見方は，事象の地平における場の応力-エネルギーテンソルを計算すると，負のエネルギー流束が得られる (Frolov and Novikov (1998)) ということからも，ある程度まで正当化され得る. このようなことは，事象の地平が存在しなければ起こらない. したがって，たとえば非常に高密度の中性子星の外部の時空幾何は，ブラックホールのそれと似ているけれども，Hawking 輻射は起こらない.

Schwarzschildブラックホールの Hawking 温度の考察は興味深い. これまで 1 と置いてきたすべての物理定数を復元し，Boltzmann定数 k_b を導入してエントロピーを熱力学的な単位で測るならば，Hawking温度は次式で表される.

$$T = \frac{\hbar c^3}{8\pi GMk_b} = 10^{-6} \left(\frac{M_{\text{Sun}}}{M}\right) {}^\circ\text{K} \tag{10.10}$$

この式によれば，太陽と同じ質量を持つブラックホールの温度は $10^{-6}\,{}^\circ\text{K}$ であって，観測対象とするには低温にすぎる. しかし注意すべき点は，この温度が質量に対して反比例することである. ブラックホールから外部への輻射が存在するということは，ブラックホールはその"蒸発"によって質量を徐々に失い，最終的には完全に消失す

10.1. ブラックホール・エントロピー

ることを意味する．太陽程度の質量を持つブラックホールでは，そのような過程は遅すぎて観測できない．しかしながら，ブラックホールの質量が減ってゆくと，それに伴って温度は上がってゆき，蒸発過程が徐々に加速してゆく．

Hawking輻射の導入によって，ある意味ではブラックホールの熱力学が完成するけれども，ここから新たな疑問も生じる．この熱力学的な描像において，温度以外の部分は完全に古典的な描像に基づいているが，温度は曲った時空における場の量子論から現れている．この記述における他の要素も量子的な起源を持つべきだと考えるのが合理的ではないのか？ 太陽と同じ質量を持つブラックホールのエントロピーを考察してみることは教育的である．ブラックホールのエントロピーは，その表面積 (事象の地平の面積) に比例する．我々が採用している単位系において，エントロピーは無単位量なので，この表面積を，基礎定数を組み合わせて得られる面積の単位を持つ基本量によって除算する必要がある．面積の基本量はPlanck長さの自乗で与えられる．面積の数値を平方メートル単位で与えるならば，エントロピーは $S \sim [面積] \times 10^{70}$ である．太陽質量を持つブラックホールのSchwarzschild半径はおよそ1キロメートルなので，表面積は 10^6 平方メートルのオーダーである．よって太陽質量サイズのブラックホール・エントロピーは，無単位量として 10^{76} 程度である．これは実に巨大な数値であって，恒星としての太陽の熱力学的エントロピーのおよそ 10^{22} 倍にあたる．

上述の数値例は，ブラックホールのエントロピーが，単純にそれを形成した物質のエントロピーから与えられるのではないことを示している．そしてエントロピーの式にも，温度の式にもPlanck定数が含まれる．このことは，両者が量子的な起源を持つべきことを表している．我々は既に，温度が自然界における量子力学的な効果であることを知っている．エントロピーの方は如何だろう？ 量子重力理論はブラックホールのエントロピーを説明できるだろうか？ この問題は次項において取り上げる．

ここでの議論を終える前に，曲った時空における場の量子論を含む描像が不満足なものであり，最終的に完全な量子重力による記述が必要とされるもうひとつの理由に言及しておくことにも意義があるだろう．ここまで見てきたように，ブラックホールは輻射を放ち，それに伴って質量は減り，温度は上昇する．ブラックホールが小さくなるにつれて，事象の地平における曲率は大きくなってゆく (事象の地平は $r=0$ に近づき，場は半径の逆冪(べき)に従う)．曲率が大きくなるほど，重力場自体の量子ゆらぎを無視する扱い方は受け入れ難くなる．そして，半古典的な描像を最後まで貫こうとすると，いくつかの矛盾に突き当たる．最も有名な問題は"情報の逆理(パラドックス)"である．ブラックホールを形成したすべての物質に関する情報は，事象の地平の内部に閉じ込められているものと想定される．ブラックホールが完全に蒸発しきってしまい，放出された熱的な輻射 (ひとつの数値，すなわち温度によって完全に特徴づけられる) だけが

残されたとすると,元々あったはずの情報はどうなったのか？ 我々は量子力学において,状態の発展がユニタリーの時間発展演算子によって与えられることを知っている(つまり量子力学的な時間発展において情報は保持されるべきである).ここで読者は,たとえば本を火に投げ込むことと何が違うのかと問うかもしれない.その場合も情報は失われるのではないか？ そうではない.その火からの輻射は,純粋に熱的なものではなく,炎を注意深く観測すれば,原理的には火の中で失われる情報を復元できるはずである.これは思考実験ではあるが,しかしながらブラックホールからの輻射は純粋に熱的なもので,Tの数値ひとつだけによって特徴づけられるので,そこから情報を復元することは,原理的にすら不可能である.この矛盾を解決することが,すべての量子重力理論の計画において,主要な目的のひとつとなっている.

本項を締めくくるにあたり,次のことに言及しておきたい.何人かの研究者は,熱力学的な概念を注意深く調べることによって,熱力学から一般相対性理論が導かれることを論じている.これは好奇心をそそられる論点であるが,現時点ではループ量子重力が役割を担うようには見えないので,ここでは論じない.詳細についてはJacobson (1995) やPadmanabhan (2010) を参照されたい.

10.1.3　ループ量子重力によるブラックホール・エントロピー

ブラックホールのエントロピーについては,Krasnov (1997) やRovelli (1996) による最初の提案,およびAshtekar, Baez, Corichi, and Krasnov (2000) による展開を踏まえて,数人の研究者がループ量子重力による説明を試みてきた.これらの計算はすべて,ブラックホールが大きい(Planck寸法に近くない) という仮定の下での近似計算である.これは穏当な仮定であろう.小さなブラックホールはHawking輻射が顕著で,質量が急速に減り続ける不安定な対象だからである.現在までのループ量子重力によるブラックホール・エントロピーの計算は,Hawking輻射を完全に無視している.基本的なアイデアとしては,境界を含むような時空を考える.その境界はブラックホールの事象の地平にあたる.図10.1に示すように,ブラックホールの外部と境界を調べ,それらの間の相互作用を考える.本節で計算の詳細を示すことはできないが,この計算における広範な諸要素を概観してみる.新たな要素は境界の存在であるが,これをSと呼ぶことにする.この境界を事象の地平に対応させなければならない.近年において発展した"分離した地平"(isolated horizon) と呼ばれる枠組み(フレームワーク)によって,これが可能になった (Ashtekar and Krishnan (2004)).スピン接続 Γ^i_a から始めて,それをSの上へ引き戻した $\bar{\Gamma}^i_a$ を定義する.そして内部添字を持つ定数ベクトル r_i を選ぶと,境界 S におけるAbel接続 $W_a = -\bar{\Gamma}^i_a r_i$ が与えられる.内部添

10.1. ブラックホール・エントロピー

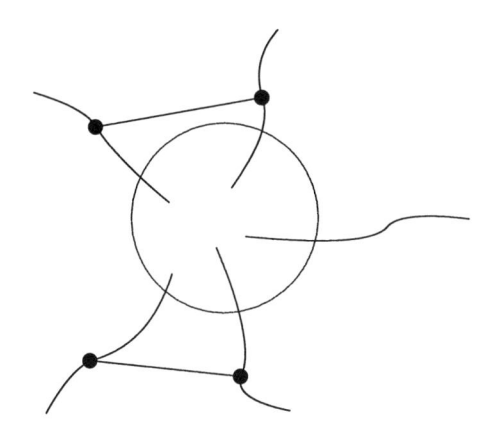

図10.1 ブラックホールの事象の地平が境界となり，その境界をスピン・ネットワークの線が貫いている．

字を持つ反対称テンソルを $\Sigma^i_{ab}\tilde{\epsilon}^{abc} \equiv \tilde{E}^{ci}$ のように定義して，それを表面へ引き戻したものを再び上付きのバーによって表すと，境界が事象の地平と対応する条件が，次のように与えられる．

$$\partial_a W_b - \partial_b W_a = -2\beta \bar{\Sigma}^i_{ab} r_i \tag{10.11}$$

境界を持つ多様体において，場の理論を扱う上での第2の問題は，作用の式から運動方程式を導くために汎関数微分を計算する際に，作用が境界において微分不可能になることである．このためには接続が必要であり，つまりここでは，通常の時空の"拡がり(バルク)"における場の理論に加えて，境界における分離した正準理論が要求される．この境界における理論には，式(10.11)の拘束条件が課される．

境界が分離した地平となるためのもうひとつの条件は，境界において経時(ラプス)がゼロになるということである．これは境界においてハミルトニアン拘束が如何なる発展も生成しないことを意味し，地平が"分離"しているということになる．この経時(ラプス)がゼロでなければ，ブラックホールが時間発展している(物質を吸い込み続けている)ことになり，分離した地平にはならない．このことが重要となる理由は，これに伴って事象の地平の面積が自動的にDirac観測量(オブザーバブル)になるという点にある．我々はエントロピーが事象の地平の面積に比例すべきことを知っているので，エントロピーが正準理論において物理的に意味を持つ量と比例関係にあることが保証される．経時(ラプス)がゼロになることのもうひとつの意味は，我々は時空の拡がり(バルク)におけるループ量子重力の複雑な問題に関わる必要がないということである．エントロピーは，境界における量だけに依存するからである．

エントロピーを定義するために，表面積 a_0 のブラックホールを考えよう．我々は微視的正準集団の観点を採用する．面積演算子の固有値が，a_0 付近の幅 2δ の範囲内にあるような量子状態の数 N を数えることを試みる．対象とする量子状態は，条件(10.11)を満たすべきものとする．エントロピーは N の対数として与えられる．外部のスピン・ネットワークからの，j_I の色を持つ線が地平を通ると，その面積に $A = 8\pi\beta\ell_{\text{Planck}}^2 \sqrt{j_I(j_I+1)}$ の寄与をもたらす．その線が貫通する孔 (puncture) において，$\hat{\Sigma}_{ab}$ に関係する演算子も作用を及ぼす．この演算子は本質的に，3脚場(トライアド)の地平面に直交する成分であって，8.2節で面積演算子を構築した際に用いた $\tilde{E}^3$ 演算子と似たものであることに注意してもらいたい．そのとき言及したように，このような演算子は角運動量演算子 $\vec{J}$ のような役割を担い，面積は $\sqrt{\vec{J}\cdot\vec{J}}$ に関係する．$\hat{\Sigma}_{ab}$ の固有値 m_I は $-J_I \le m_I \le J_I$ を満たす半整数である．

地平面がトポロジー的に球面であるという要請は，$\sum_I m_I = 0$ を含意する．これは，おおよそ「入る紐(ひも)は出る」ということで理解できる．したがって地平面の量子状態は，外部からスピン・ネットワークの線が貫通する孔(あな) p_I の集合によって特徴づけられ，それぞれの孔には半整数の組 (J_I, m_I) が充てられることになる．但し，ここでさらに，境界を固定した微分同相変換を施すことも考えねばならない．もし同じラベルを持つ2つの孔(あな)があって，それらを入れ換えるような微分同相変換を施した場合，それは新たな状態として数えるべき状態になるのか？ 注意深い解析によれば，それは新たな状態ではない．以上のことに基づいて状態の勘定を実行できるが，本質的には，上述のような制約の下で，面積固有値が区間 $[a_0-\delta, a_0+\delta]$ の範囲内の値になるような半整数 J_I, m_I の組合せを数え上げる問題である．これは Agulló *et al.* (2010) によって正確に解かれた．

$$S(a_0) = \frac{a_0}{4\ell_{\text{Planck}}^2} - \frac{3}{2}\log\left(\frac{a_0}{\ell_{\text{Planck}}^2}\right) + O(1) + \cdots \tag{10.12}$$

後ろに展開項を付けた形にしてあるのは，明示してある項が面積の大きな極限の計算結果だからである．見て判るように，この結果は Bekenstein(ベッケンシュタイン) の公式の形を再現している．対数の項を最初に見出したのは Kaul and Majumdar (2000) である．この結果を得るためには，Barbero-Immirzi パラメーターを $\beta = 0.274067$ と仮定しなければならない．この数値は，次式の解として与えられる (Meissner (2004))．

$$1 = \sum_{k=1}^{\infty}(k+1)\exp\left(-\frac{1}{2}\beta\sqrt{k(k+2)}\right) \tag{10.13}$$

したがって，ここからループ量子重力理論における Barbero-Immirzi パラメーターの値が決まる．このパラメーターに依存する他の物理的な計算も，これと同じ値を与えるものと予想される．しかし現時点で，このパラメーターに依存する他の物理的な

予言は知られていないので，このことは未だ確認されていない．しかしながら多くの異なる種類のブラックホールモデル(電荷を持つもの，物質場を加えたもの，宇宙定数を入れたもの，回転や歪みを導入したものなど．Corichi (2009) を参照) に関してもエントロピーの計算が行われ，すべての場合において，Bekenstein公式を再現するために同じBarbero-Immirziパラメーターの値が必要とされることは，この限りにおいては満足のいく状況である．より最近では，大面積の近似に頼らない数値計算が行われるようになり，面積とエントロピーの関係において興味深い構造が見いだされたが，今のところ，その理由はよく理解されていない (Corichi *et al.* (2007))．

10.2 マスター拘束と均一離散化

10.2.1 マスター拘束プログラム

既に論じたように，一般相対性理論の拘束代数を量子論の水準において行うことは，重要な挑戦課題であり続けている (p.120参照)．ループ量子重力においては，微分同相変換の拘束を演算子として実行できず，それゆえ古典的な拘束代数を量子論の水準で再現できる見込みはない．有限の微分同相変換は，Ashtekar-Lewandowski測度を導入したスピン・ネットワークの空間においてよく定義されるが，拘束条件によって生成される無限小の微分同相変換については，これが不可能なので，構築された量子論の正当性の検証が妨げられている．一般相対性理論の真空におけるDirac観測量(オブザーバブル)の欠如という事情 (8.2節冒頭参照) と併せて，古典的な極限を定義することが困難であり，これらのことが完全な理論への進展を妨げる障害になっている．

Thomas Thiemannと彼の共同研究者たちが開拓したマスター拘束プログラム (master constraint program) は，多数の拘束条件を単一の"マスター拘束"に置き換えることによって，状況の改善を試みるものである．マスター拘束は基本的に，適切な加重度化を施した拘束の自乗を空間積分したものである．たとえば第8章で考察したハミルトニアン拘束 (式(8.23)) を，不鮮明化しない形で取り上げるならば，

$$\tilde{H}(x) = \{A_c^k, V\} F_{ab}^k \epsilon^{abc} \tag{10.14}$$

であり，マスター拘束は次のように定義される．

$$M = \frac{1}{2} \int d^3x \frac{\tilde{H}^2(x)}{\sqrt{\det(q)}} \tag{10.15}$$

ここで，$\tilde{H}(x)$ が無数の拘束であるのに対して，式(10.15)は単一の拘束だということに注意が必要である．もしMがゼロになれば，そのとき無数の$\tilde{H}(x)$もゼロである

ことは明らかである．読者は，これらの2つの描像が等価であると宣言することが，少なくとも古典的な水準において理に適っているのかどうかを問うかもしれない．マスター拘束と任意の量とのPoisson括弧を考えてみよう．マスター拘束は，拘束の2次の式なので，任意の量とのPoisson括弧を計算すると，その結果は拘束に比例し，したがって拘束条件を要請すると，それはゼロになる．したがって，観測量(オブザーバブル)の概念が失われるように思われる．しかしながら，

$$\{\{M, O\}, O\} = 0 \tag{10.16}$$

という条件を考えるならば，これはOがDirac観測量(オブザーバブル)であること(すなわちOが元の拘束と可換であること)と等価である．よって，マスター拘束は観測量(オブザーバブル)に関する情報を抽出することができる．

マスター拘束は，微分同相変換の下で不変であり($su(2)$不変でもある)，単一の拘束なので，それ自身と可換である．よって，マスター拘束と微分同相拘束を一緒に考えるならば，至極簡単な代数が得られる．

$$\{C(\vec{N}), M\} = 0 \tag{10.17}$$

$$\{M, M\} = 0 \tag{10.18}$$

微分同相拘束同士の代数は，通常のものになる(式(7.15))．これは量子化の際に，極めて大きな利点である．為すべき作業は，マスター拘束を量子力学的な演算子へ移行させ，それによって消滅するような量子状態を見いだすことである．その利点は，これが微分同相不変な量なので，微分同相不変な状態の空間において演算子へ移行させ得ることに疑いは無いという点にある．そして拘束代数が構造定数でなく構造関数を持ってしまうという問題(7.2節末尾参照)も回避される．このように量子化されたものは，必ずしもすべての場合において正準量子化と等価ではない．したがって，この作業をDiracの正準量子化の手続きの一般化として捉えることができる．

唯一の注意点は，もし量子力学的な演算子としてのマスター拘束の固有値の中にゼロが含まれないことが見いだされたならば，如何にするかという問題である．この場合，最小の固有値を考えることが次善の提案となる．このようにすると，拘束を正確に課した理論を扱うのではなく，拘束の式が小さい理論を扱うことになる．したがって，その理論はもはや，出発点とした古典論と正確に同じ対称性を持たず，その対称性を近似的に扱う理論となる．他方において，マスター拘束において固有値ゼロを得ることは，ハミルトニアン拘束を論じた際に言及した曖昧さを扱うためのガイドラインになる．

マスター拘束の量子化を詳しく論じることは行わない．それは第8章でハミルトニアン拘束を扱った際とよく似た作業だからである．詳細はThiemann (2006)におい

10.2. マスター拘束と均一離散化

て見ることができる．しかし，ここで自己共役演算子$\hat{M}$を既に見いだすことができたと仮定してみよう．そうすると，以下のようにして，量子力学的なDirac観測量(オブザーバブル)を構築する方法が与えられる．まず，ひとつのパラメーターを持つユニタリー演算子の族(ファミリー)$\hat{U}(t) = \exp(it\hat{M})$を構築する．それから空間的な微分同相変換の下で不変な演算子$\hat{O}$を考える．そこから，もし時間平均の極限操作が可能であれば，"時間平均演算子"$\widehat{\overline{O}}$を構築する．

$$\widehat{\overline{O}} = \lim_{T \to \infty} \frac{1}{2T} \int_{-T}^{T} dt\, \hat{U}(t) \hat{O} \hat{U}(t)^{-1} \tag{10.19}$$

ここで行っていることは，マスター拘束によって生成される"時間発展"全体にわたる積分である．得られる演算子がマスター拘束と可換であることは自明である．何故なら，マスター拘束との交換子は無限小の時間推進と等価であり，ここでは，そのような推進のすべての和を取ってあるからである．これは負の無限大から正の無限大までの実軸を"少し右へずらす"ことと等価であり，変化が生じないことは明らかである．したがって，いくぶん形式的ではあるにせよ，マスター拘束を用いてDirac観測量(オブザーバブル)を構築する手続きが存在している．

マスター拘束プログラムは，力学系や，試行的な拘束代数を持つ系や，自由場や，相互作用を持つ場のような数々の物理系モデルにおいて試されており，それぞれ満足な結果が得られている．Dittrich and Thiemann (2006)を参照してもらいたい．そこには更なる詳細に関する参考文献も示されている．マスター拘束プログラムは，組合せ論的な重力の取扱いへと発展し，それは代数的量子重力 (Algebraic Quantum Gravity)として知られているが，これを紹介することは本書の許容範囲を超える．関心のある読者には，Giesel and Thiemann (2007)を薦める．

10.2.2 均一離散化

場の理論を，その量子化のために離散化する技法は，Yang-Mills理論の文脈において大きな成功を収めている．その技法は格子ゲージ理論として知られ，特に計算機による取扱いに適している．対称性を持つ理論を離散化する際には，対称性を損なわずに保持することが，細心の注意を要する課題になる．一般相対性理論の場合は特にそうである．時空を離散化してしまうと，微分同相不変性が直ちに失われる．正準理論の水準において，これには以下のような含意がある．同じ時刻における諸変数に関係していて，本来は時間発展の下で自動的に保存されるような拘束条件の式が，保存されなくなってしまう．すなわち拘束条件と運動方程式を同時に課することが不可能になる．同じ時刻においてすべての式を成立させるための唯一の方法は，Lagrange

の未定係数の値を選ぶことである．しかしそのようにすると，未定のはずの係数が任意ではなくなり，理論の性格が著しく変わってしまう．さらに悪いことに，Lagrangeの未定係数を決める式が代数方程式になる(離散化の下で，すべての微分が有限の差分に置き換えられる)．その代数方程式は非線形であり，一般に複素解を持ち得る．もちろん，一旦，Lagrangeの未定係数が複素数になってしまうと，それはもはや出発点となった実数変数による連続な理論に対する近似ではない．そしてLagrangeの未定係数，特に経時（ラプス）は，状態の発展の速さを表している．理論の式から経時（ラプス）が大きいことが示されるならば，それは離散的な時間発展において，直近の時刻の間に大きな飛躍があり，離散的な理論による連続理論への近似を，よく制御する方法がなくなることを意味する．これらの問題が，ハミルトニアン形式の一般相対性理論の格子ゲージ理論版を展開する上で，本質的な障害となってきた．

作用汎関数を離散化する際に，離散化の方法について多大な曖昧さがある．微分演算を有限の差分によって近似する方法は極めて多様である．たとえば，関数のある点における微分を，その点における関数の値と，その右側の隣接点における値の有限の差として計算することもできるし，左側の隣接点における値との差として計算することもできる．あるいは関心の対象となる点の左右の隣接点の値による対称な差を考えてもよい．他にもいろいろな例が考えられる．"均一離散化"(uniform discretization)のアプローチでは，この離散化の自由度を利用して，変数の発展の式を，マスター拘束によって生成されるような形にする．

$$A_{n+1} = A_n + \{A_n, M\} + \{\{A_n, M\}, M\} + \cdots \tag{10.20}$$

A は，理論における任意の正準変数である．この発展の式の特別な美しさは，マスター拘束 M の値が正確に保存される点にある．したがって，最初に M を小さい値に設定すれば (これはマスター拘束がゼロに帰着するような連続な理論に近いことを意味する)，変数の発展の下でも連続の理論に近い状態を保持し続けることになる．この小さい値を $\delta^2/2$ と選び，N 個の拘束 $\phi^i(q,p) = 0$ を持つ理論を扱うことを想定してみよう．$\lambda_i = \phi_i/\delta$ と定義すると (これは $\sum_{i=1}^N \lambda_i^2 = 1$ を意味する)，たとえば力学変数 q の発展を δ によって展開することができて，次式を得る．

$$q_{n+1} = q_n + \sum_{i=1}^N \{q_n, \phi_i\} \lambda_i \delta + O(\delta^2) \tag{10.21}$$

第2項は，全ハミルトニアン $H_\mathrm{T} = \sum_{i=1}^N \lambda_i \phi_i$ の下で得られる通常の発展であることが見て取れる．したがって，第4章で論じたような完全拘束系に関する伝統的な発展の式と，離散化されている点だけを除いて，最初の次数まで同じものが得られている．発展の"ステップ"は δ の値によって制御されるが，我々はその値を，初期デー

タとしてマスター拘束の評価が $\delta^2/2$ となるように選ぶ．このようにすれば，近似全体にわたる完全な制御が実現されることが分かる．

ここで考えている理論は，拘束条件がゼロではない．したがって，このような理論の量子化は，あたかも拘束がないかのように行える．特に，拘束代数に煩わされる必要がないという利点がある．心配する必要があるのは，この離散的な量子論において，マスター拘束の固有値がゼロを含んでしまうかもしれないという点である．このような場合には，その理論は連続極限に対応することになる（マスター拘束がゼロということは，発展におけるステップ δ がゼロになってしまうことを意味する）．マスター拘束の固有値がゼロにはならず，かつ最小の固有値が（$\hbar$ の単位で）小さければ，連続な理論を良好に近似できる離散的な理論が得られることになる．

均一離散化は，マスター拘束プログラムが検証されたモデルと似た様々なモデルによって検証されている (Campiglia et al. (2006))．また，スカラー場と結合した球対称な量子重力系にも応用されている (Gambini et al. (2009b))．

10.3　スピン泡

10.3.1　量子力学の径路積分形式

量子力学には Schrödinger 形式と Heisenberg 形式の他に，"径路積分形式"と呼ばれる定式化の方法もある．Schrödinger 形式において中心的な役割を果たすのは状態であり，Heisenberg 形式において中心的な役割を果たすのは演算子である．これらに対して，径路積分形式において中心的な位置を占めるのは遷移確率となる．例として，時刻 t_i において位置 x_i にあった単一粒子が，時刻 t_f に位置 x_f にある確率を求めることを考える．この確率は，以下のような手順で計算される．まず，始点から終点までを結ぶ古典的な径路をすべて挙げる．次に，それぞれの径路に関する古典的な作用 S を計算する．そして，各径路に"遷移振幅"として $\exp(iS/\hbar)$ に比例する量をあてる．このときの比例係数は，適正な規格化が実現するように選ぶ．最後にすべての径路に関する振幅を加算する．通常，考え得る径路は連続的な違いを持ち得るので，この振幅の加算は積分計算になる．これが"径路積分"(path integral) である．算出される結果は，設定された始点から終点への遷移振幅であり，その自乗が遷移確率を表す．他の問題，たとえば粒子が，ある運動量から別の運動量へ移行するような問題や，始状態において確定した位置や運動量を持たないような問題についても，状況に合わせて上述のアプローチの変種が適用される．

径路積分（'来歴加算'[sum over histories] とも呼ばれる）の定式化は，元々 Feynmanによって行われたものだが，これは基本的な量子力学の問題に対するアプローチにおいて，最も直接的な方法となる．しかしながら他の多くの文脈，すなわち場の量子論，素粒子物理，凝縮系物理における一般の多体問題などにおいても，この方法の利用が望まれている．たとえば，積分を評価するための強力なMonte Carlo統計法と組み合わせて，複雑な系に関する数値計算に経路積分法が利用される．一部の人々はこの定式化を特に好んでいるが，それはこの形式が，観測できない波動関数などの数学的対象ではなく，観測可能な対象，すなわち遷移確率を直接的に扱うという事情に因っている．

経路積分の動機づけを少々考えてみよう．時間に依存しないハミルトニアンを持つ単純な力学系を考察する．そのような系の量子状態は，次のように時間発展する．

$$|\psi(t)\rangle = \exp\left(-\frac{i}{\hbar}Ht\right)|\psi(0)\rangle \tag{10.22}$$

この式を，位置表示で書き，位置の基底の完備性を利用すると，次式が得られる．

$$\langle x|\psi(t)\rangle = \int dx' \langle x|\exp\left(-\frac{i}{\hbar}Ht\right)|x'\rangle\langle x'|\psi(0)\rangle \tag{10.23}$$

ここで $P(x,t,x',0) = \langle x|\exp\left(-\frac{i}{\hbar}Ht\right)|x'\rangle$ は，$x', 0$ から x, t への伝播関数，もしくは遷移振幅である．まず，ひとつの例として，自由粒子を考える．そのエネルギー固有状態は，

$$\psi_p(x) = \frac{1}{\sqrt{2\pi\hbar}}\exp\left(\frac{i}{\hbar}px\right) \tag{10.24}$$

と表され，伝播関数は次のように計算される．

$$P(x,t,x',0) = \int dp \langle x,t|p\rangle\langle p|x',0\rangle \tag{10.25}$$

$$= \frac{1}{2\pi\hbar}\int dp \exp\left(-\frac{i}{\hbar}\frac{p^2}{2m}t\right)\exp\left(\frac{i}{\hbar}p(x'-x)\right) \tag{10.26}$$

$$= \sqrt{\frac{m}{2\pi i\hbar t}}\exp\left(\frac{i}{\hbar}\frac{m(x'-x)^2}{2t}\right) \tag{10.27}$$

この式を見たDiracは，自由粒子の軌跡 $x(s) = x + (x'-x)\frac{s}{t}$ を与えて，この古典的な軌跡において古典的な作用を計算すると，

$$S = \frac{m}{2}\int_0^t dx \dot{x}^2 = \frac{m}{2}\frac{(x'-x)^2}{t} \tag{10.28}$$

になることを想起し，自由粒子の伝播関数が $\exp(iS/\hbar)$ に比例していることに気付いた．しかしながらDiracはそれ以上に，この定式化を進展させることはなかった．この段階では，これが自由粒子系における単純な作用汎関数の場合に限られた偶然の一

10.3. スピン泡

致と受け取ることも可能だった．しかしこれが偶然の所産でないことを見るために，次に，ポテンシャル場の中の粒子を考えよう．系の全エネルギーは $E = T + V$，すなわち運動エネルギーとポテンシャルエネルギーの和の形で与えられる．時刻0から t までの時間発展を，時間区間 $\Delta t = t/N$ で分割し，最終的に $N \to \infty$ の極限を取ることを考える．時間発展演算子は $\exp(-Et/\hbar) = [\exp(-E\Delta t/\hbar)]^N$ と与えられる．この式を運動エネルギーを含む部分とポテンシャルを含む部分に分離することを試みたい．このために，Baker-Campbell-Hausdorff公式が，次の関係を含意することを見る．

$$\exp\left(-\frac{i}{\hbar}(T+V)\Delta t\right) = \exp\left(-\frac{i}{\hbar}T\Delta t\right)\exp\left(-\frac{i}{\hbar}V\Delta t\right) + \frac{1}{\hbar^2}[T,V](\Delta t)^2 + \cdots \tag{10.29}$$

そして，我々は $\Delta t \to 0$ の極限に関心があるので，"短時間の"時間発展演算子として，最初の項だけを残せばよい．

$$U(\Delta t) = \exp\left(-\frac{i}{\hbar}T\Delta t\right)\exp\left(-\frac{i}{\hbar}V\Delta t\right) \tag{10.30}$$

これを利用し，かつ，再び位置の基底の完備性を用いて，伝播関数を計算する．

$$P(x',t,x,0) = \lim_{N\to\infty}\int_{-\infty}^{\infty}\Big(\prod_{j=1}^{N-1}dx_j\Big)\langle x'|U(\Delta t)|x_{N-1}\rangle \cdots \langle x_1|U(\Delta t)|x\rangle \cdots \tag{10.31}$$

被積分関数の中の各因子は，次のように計算される．

$$\langle x_{m+1}|U(\Delta t)|x_m\rangle = \langle x_{m+1}|\exp\left(-\frac{i}{\hbar}T\Delta t\right)|x_m\rangle\exp\left(-\frac{i}{\hbar}V(x_m)\Delta t\right)$$
$$= \sqrt{\frac{m}{2\pi i\hbar\Delta t}}\exp\left[\frac{i}{\hbar}\left(\frac{m}{2}\frac{(x_{m+1}-x_m)^2}{\Delta t} - V(x_m)\Delta t\right)\right] \tag{10.32}$$

1行目では，ポテンシャルが位置表示において対角的であるという事実を利用した．2行目では，先ほど導いた自由粒子の結果を用いた．これを踏まえると，遷移振幅として次式が得られる．

$$P(x_N,t,x_0,0) = \lim_{N\to\infty}\int_{-\infty}^{\infty}\Big(\prod_{k=1}^{N-1}dx_k\sqrt{\frac{m}{2\pi i\hbar\Delta t}}\Big)$$
$$\times \exp\left[\frac{i}{\hbar}\sum_{j=0}^{N-1}\left\{\frac{m}{2}\left(\frac{x_{j+1}-x_j}{\Delta t}\right)^2 - V(x_j)\right\}\Delta t\right] \tag{10.33}$$

上式における指数関数の引数部分は，古典的な作用 $S = \int dt (m\dot{x}^2/2 - V(x))$ を分割したものであることが見て取れる．これを踏まえて，次のように書くことにする．

$$P(x_N, t, x_0, 0) = \int \mathcal{D}x \exp\left(\frac{i}{\hbar} S[x]\right) \tag{10.34}$$

これが"径路積分"として知られているものである．その測度 $\mathcal{D}x$ は自明のものではなく，式(10.33)によって意味が規定される．つまり式(10.34)の積分は，境界条件を満たすようなあらゆる軌道を対象とする汎関数積分である．これは操作的には，式(10.33)のような分割によって実行される計算を表している．

10.3.2 一般相対性理論における径路積分とスピン泡

一般相対性理論における径路積分は，幾何から幾何への遷移を扱うものになる．時空における3次元断面空間の始状態における幾何と終状態における幾何が指定されたならば，その間の遷移確率は如何なるであろうか？ 形式的には，次のように書くことができるであろう．

$$P((A_a^i)_{\text{final}}, (A_a^i)_{\text{initial}}) = \int \mathcal{D}N \mathcal{D}N^a \mathcal{D}\lambda^i \mathcal{D}\tilde{E}\, \mathcal{D}A \exp\left(-\frac{i}{\hbar} S(\tilde{E}, A)\right) \tag{10.35}$$

$S(\tilde{E}, A)$ は一般相対性理論の作用汎関数であり，$\int d^4 x\, (\tilde{E}_i^a \dot{A}_a^i - NC - N^a C_a - \lambda^i \mathcal{G}^i)$ と表される．N は経時，N^a は変位（ラプス/シフト），λ^i は Gauss の法則 $\mathcal{G}^i$ に関わる Lagrange の未定係数，C はハミルトニアン拘束，C_a は微分同相拘束である．粒子の例において言及したように，これらの表式は定式的なものである．しかしながら重力を扱う場合，式と，実際に積分を計算するための手続きとの間には大きな隔たりがあり，多大な困難が伴う．まず，場の理論を扱うために，無限次元空間における"軌跡"を考えなければならない．そして，その軌跡は拘束条件を満たす必要がある．このことが積分の測度に何らかの形で反映されなければならない．さらに Lagrange の未定係数に関する積分も行う必要がある．その積分範囲は，どのように設定すればよいのか？ これらの難しい問題のために，長い間，量子重力への径路積分のアプローチの発展が妨げられてきた．

ループ量子重力に用いられる数学的な道具の発展に伴い，それらの技法を径路積分の定義に利用する可能性について，自然に関心が生じてきた．その結果，量子重力に対する"スピン泡"(spin foam) のアプローチが，まず Reisenberger and Rovelli (1997) によって開拓され，それに続いて多くの研究者が，この方法の発展に貢献している．スピン泡は，頂点，辺，多角形の面から構築される幾何学的な構造である[1]．

---

[1] このような構造，すなわち点，線分，三角形，およびそれらを高次元へ一般化したもの (単体 : simplex) を組み合わせて得られる構造は '単体的複体' (simplicial complex) と呼ばれる．

10.3. スピン泡

それぞれの面には，スピン・ネットワークにおける線とよく似た方法で，群表現のラベルが付与される．それぞれの辺には，結節演算子のラベルが付く．これは全体として石鹸の泡のかたまりのように見えるので，"スピン泡(フォーム)"と名づけられている．スピン泡の断面は，スピン・ネットワークになる．スピン泡に含まれる多角形の面が切断された部分は，断面のスピン・ネットワークにおいて群表現を伴った線分となり，スピン泡に含まれる線分が切断された部分は，断面のスピン・ネットワークにおいて結節因子を伴った結節点になる．ここで目標となる課題は，ひとつのスピン・ネットワークから，別のスピン・ネットワークへ移行する遷移振幅を，両者をつなぐすべての可能なスピン泡に関する加算によって計算することである．一般相対性理論に関して，このような方法は今日でも完全に理解されるに至っていないが，より単純なBF理論と呼ばれる理論の文脈において，多くの進展が見られている．4次元において，BF理論は次のラグランジアンを持つ．

$$L = \int d^3 x\, \epsilon^{\mu\nu\lambda\kappa} \mathrm{Tr}(B_{\mu\nu} F_{\lambda\kappa}) \tag{10.36}$$

$F_{\mu\nu}$ は，ベクトルポテンシャルによってYang-Mills理論のそれと同じ形で与えられる量であり，B は，その成分が代数の値を持つような，単なる反対称テンソルである．このラグランジアンの B に関する変分を取ると，即座に運動方程式 $F_{\mu\nu}=0$ が得られる．これを B の方程式と併せて考えると，ベクトルポテンシャルはゲージ変換によって単なるゼロへ移行し得ることが含意される．したがって，この理論は局所的な自由度を持たない．このことは，問題を一般相対性理論の場合よりも著しく簡単にする．唯一の自由度は，場の位相的(トポロジカル)な部分に関係する．驚くべきことであるが，ある意味において，一般相対性理論はBF理論の特別な場合にあたる．もし，場 B を2つの4脚場(テトラッド)の積の形に選ぶならば($B_{ab}^{IJ} = E^I_{[a} E^J_{b]}$，4脚場は3脚場(トライアド)の4次元における類似物で，添字 I, J は0から3の値を取る)，その作用汎関数が一般相対性理論のものと一致することが示される．BF理論が単純でよく理解できるといっても，それが一般相対論も単純であることを意味するわけではないので，誤解のないようにしてもらいたい．B が2つの4脚場(テトラッド)の積として与えられるという要請('単純性の制約' [simplicity constraint] として知られる)は，実際にはこの理論をかなり複雑にするものであり，このような観点に基づく一般相対性理論へのアプローチから得られる成果は極めて少ない．

ポテンシャル中の粒子の系に関する径路積分に関する前項の議論を思い出すと，我々は系の始状態に対するハミルトニアンの作用を学ぶ必要があった．同様に，重力に関する径路積分を考察する際にも，ハミルトニアン(この場合はハミルトニアン拘束)の作用を調べることになる．第8章で論じたように，ハミルトニアン拘束の作用は，スピン・ネットワーク中のひとつの結節点につながる2本の線の間に，1本の線分を

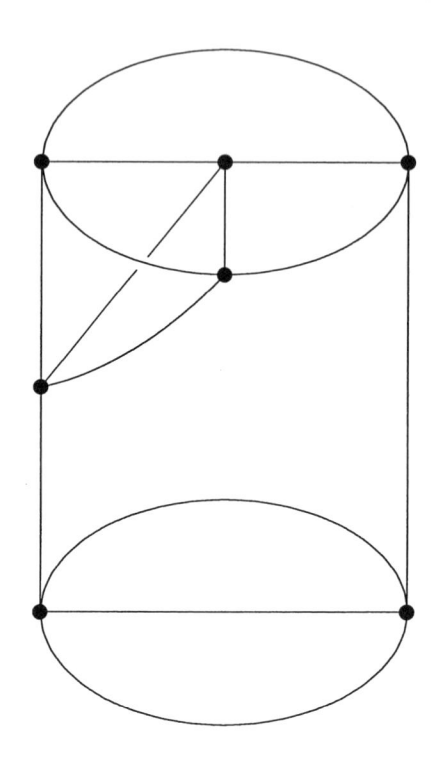

図10.2 2つのスピン・ネットワークをつなぐ単純なスピン泡の例．下端面のネットワークを始状態，上端面のネットワークを終状態として見る．

加えることである (p.119, 図8.6参照)．図10.2では，下端のネットワークから上端のネットワークへ移行するスピン泡において，途中からネットワークに1本の線分が余分に加わった様子を見ることができる．それは結節点に対するハミルトニアン拘束の作用に対応しており，その作用点から泡内の新たな面が上方に向けて始まっている[§]．泡の中のそれぞれの頂点 (作用点) に重みを対応させる式が，年来，いろいろと提案されてきた．最初の提案は Barrett and Crane (2000) によるものであったが，それには問題があることがすぐに指摘された．重要な進展が Engle, Pereira, and Rovelli (2007) および Freidel and Krasnov (2008) によってなされ，頂点の定義は，はるか

[§](訳註) これはネットワークの結節点に'線分を加える'ようなハミルトニアン拘束の作用点の例であるが，逆に'線分を取り除く'ような作用点もあり得る (たとえば図10.2の上下を逆転させた泡グラフを考える．Rovelli (2007) の第9章などを参照)．その場合は，既存の線分をちょうど相殺するような線分が加えられたものと見る (第8章の問題2 [p.121] を参照)．

に良い性質を示すようになった．スピン泡の応用も現れ始めている．マルセイユのグループは，スピン泡を利用して重力の伝播関数を計算したが，それは適正な Newton 極限を与える関数になっている (Alesci *et al.* (2009) およびその参考文献を参照)．このような研究活動の大多数が，Euclid 空間 (時空ではなく 4 次元空間) を扱うものであることに言及しておくべきであろう．この措置によって，いくつかの点で計算がやりやすくなるが，得られる結果と真の重力理論との関係を論じることは難しくなる．

スピン泡内の頂点の構築のために研究者が利用している技法の一部に関するアイデアとして，"Regge 計算法"の概念をここで紹介しておく．このアプローチでは，曲った時空を平坦な単体の集合体によって近似する．それは 2 次元球面を，三角形の組合せから成る幾何的な丸屋根構造によって近似することに比せられる．基本となるアイデアは，2 次元面の曲率が，三角形同士の組み合わさっている頂点部分だけに集中するという捉え方である (3 次元空間の曲率は四面体が連結し合う辺の部分に集中し，より高次元における曲率も同様に単体の間の平面・超平面の部分に集中する)．実際に幾何的なドームを構築することを想像してもらいたい．そこで利用する三角形の全ての辺の長さをあなたが指定すれば，技術者がドームを構築するための情報はそれで充分である．これと同様に，すべての単体の辺の長さを指定すれば，それは，その多様体の形を完全に特定することと等価であって，元の多様体の曲率に関するデータもそこに含まれる．この基本的なアイデアを用いて Tullio Regge (1961) は一般相対性理論の作用汎関数の近似式を書いた．その式は単体の連結部分 (link) の長さの関数 $S = S(l_1, l_2, \ldots, l_N) = \sum_v S_v$ として与えられる．和の計算はすべての単体に関して行い，S_v はその個別の単体の連結部分の長さに依存する式である．ここから運動方程式を導くことができ，それを用いて興味深い状況に関する数値シミュレーションまでが行われ，径路積分の観点から $\int dl_1 dl_2 \ldots dl_N \prod_v e^{iS_v(l_1, \ldots, l_N)}$ という計算を考えることができるようになった．Ponzano and Regge (1968) はこの式を 3 次元重力の場合について，リンクの長さが Planck 長さの半分の整数倍 $l_n = j_n/(2\ell_{\text{Planck}})$ とする仮定を置いて詳しく調べ，j_n が大きい極限において作用の式が Wigner の $6j$ 記号と関係づけられることを示した．現在，研究者たちは，4 次元において異なる作用汎関数の形を利用しながら，Regge と Ponzano が 3 次元で行ったのと同様の"頂点"の計算を目的とした解析を試みている．

10.4 観測可能な効果？

第 1 章で述べたように，現在，結果の理解のために量子重力が必要とされるような実験は存在していない．そのような実験を見つけることは，未到の主要な里程標と

見なされている．このような状況の理由は，重力の結合定数と Planck 定数から決まる自然な尺度が，実験によって検証可能な範囲から，大きくかけ離れているという事情にある．エネルギー尺度で言えば，Planck エネルギーは 10^{19} GeV であって，これは最高水準の素粒子加速器によって到達できるエネルギーより 15 桁も高く，観測される中で最も高エネルギーを持つ宇宙線に比べてもまだ 10 桁も高い．距離尺度で言えば，Planck 長さは 10^{-33} cm で，これは陽子半径より 20 桁も小さい．時間尺度では，Planck 時間は 10^{-44} s で，今後数年間に予想される最も高精度の原子時計の精度から 20 桁の隔たりがある．次元的な事情だけを考えると，量子重力効果は，観測可能な宇宙からは，まったくかけ離れたものであることを即座に看取できる．本節では，このように圧倒的に不利な状況を，少々改善できる可能性のある 2 つの分野について論じることにする．

10.4.1 量子重力とガンマ線バーストからのガンマ線到着時間

上述の事情の下で現れた Amelino-Camelia et al. (1998) の提案は，少々驚きを持って迎えられた．彼らはガンマ線バーストの観測において，量子重力効果の痕跡が見いだされる可能性を指摘した．基本的な理論的根拠は，次のようなものである．時空が粒状の構造を持ち，その典型的な寸法が Planck 長さ程度であると仮定するならば，波長 λ の光の伝播は，1 波長あたり $\ell_{\text{Planck}}/\lambda$ の水準で量子重力効果による影響を受けるであろう．このような効果が存在するとしても，我々の関心の対象となるような波長領域の下では，極めて小さいものと考えられる．波長が著しく短いガンマ線でさえ $\lambda \sim 10^{-12}$ m なので，量子重力効果が顕在化する目安は $\ell_{\text{Planck}}/\lambda \sim 10^{-23}$ に過ぎない．しかしながらガンマ線バーストが発生するのは，宇宙論的な彼方であり，地球から最大 $L = 10^6$ 光年，すなわち 10^{25} m 程度の距離がある．これは換算すると約 10^{37} 波長の距離にあたり，ガンマ線の伝播に対して影響が及ぶ機会は充分に与えられている．どのような観測結果が期待されるだろうか？ 粒状構造との相互作用は，一般に分散関係 (振動数と波長の関係，もしくは等価的に運動量とエネルギーの関係) の異常を引き起こす．Amelino-Camelia et al. は，弦理論のモデルを利用して，光の分散関係が次のようになると推測した．

$$c^2 p^2 = E^2 \left[1 + \chi \frac{E}{E_{\text{Planck}}} + O\left(\frac{E^2}{E_{\text{Planck}}^2}\right) \right] \tag{10.37}$$

χ は 1 程度のオーダーの数である．ガンマ線バーストからの放射は，エネルギースペクトルの拡がりを持つ．異なるエネルギーを持つガンマ線は，異常な分散関係のために，検出器に到達するまでに異なる時間を要する．χ がゼロでなければ，その時間差

10.4. 観測可能な効果？

を検出できるはずである．一部の研究者は χ がゼロでないという仮定に疑義を表明した．上の分散式の平方根を取ると，Planckエネルギーの分数冪の項が現れることになるが，このようなことが自然に生じるとは思われないからである．多くの人々は，そのような項は実際にはゼロになり，上述の式における最後の項から補正が生じるものと信じている．そうすると，弦理論モデルの下での補正はPlanckエネルギーの冪になり，その効果の観測は著しく困難になる．

既に見てきたように，現状ではループ量子重力と現実の物理との関係を論じることに制約があるので，量子時空におけるガンマ線の伝播を詳しく計算するのは不可能である．実行可能な計算からの外挿のために，Gambini and Pullin (1999) は，単純な"おもちゃ模型" (toy model) によるループ量子重力の計算を行った．そのアイデアは，Maxwell理論のハミルトニアンを曲った空間において考えるというものである．

$$H = \frac{1}{2}\int d^3x \frac{q_{ab}}{\sqrt{\det(q)}} \left(\tilde{e}^a \tilde{e}^b + \tilde{b}^a \tilde{b}^b \right) \tag{10.38}$$

ここでは電場が密度であることを念頭に置いた．この文脈で，磁場も密度と見なすことが自然である．このことから被積分関数の加重度を $+1$ に保つために，空間計量の行列式を分母に置くことが強いられている．それからハミルトニアン拘束を扱った際に論じたように (7.4節, 8.3節)，Thiemannの技法を利用して $q_{ab}/\sqrt{\det(q)}$ の表現を変更する．また，電場と磁場を点分割 (point-split) して，電場と磁場を多様体における滑らかな古典場と見なす．重力場に関しては"織物の状態" ('weave' state) $|\Delta\rangle$ を想定する．これはPlanck長さ程度の多数のループが集まったスピン・ネットワーク状態であり，その構造の特徴的な尺度 Δ よりも大きな尺度で見ると，平坦な半古典的幾何を持つような状態である．Δ はPlanck長さより長いけれども，考察の対称とする光の波長に比べるとはるかに短いものと仮定する．Maxwellハミルトニアンの電場部分の期待値として，次式が得られる．

$$\langle \Delta | \hat{H}^E_{\text{Maxwell}} | \Delta \rangle = \sum_{v_i, v_j} \langle \Delta | \hat{w}_a(v_i) \hat{w}_b(v_j) | \Delta \rangle e^a(v_i) e^b(v_j) \tag{10.39}$$

上式ではThiemannの技法によって，結節点 v_i からの寄与だけが拾い上げられるという事実を利用した．積分を，スピン・ネットワークにおける結節点に関する和として近似し，点分割の操作を，隣接する結節点 v_i, v_j を考えることに翻訳し，計量演算子を2つの演算子 $\hat{w}_a$ の点分割積によって表した．それからスピン・ネットワークの織物の中のそれぞれの"基本領域" (Δ-領域) の範囲内において，電場と磁場が滑らかな関数であるという事実を利用して (場の波長は，基本領域の寸法に比べて何桁も長い) 電場を展開する．

$$e^a(v_i) = e^a(P) + (v_i - P)_c \, \partial^c e^a(P) + \cdots \tag{10.40}$$

P は基本領域の中央の点である．$(v_i - P)^c$ は大きさがおおよそ Δ 以下のベクトルであり，電場の導関数は波長の逆数 $1/\lambda$ のオーダーなので，この式は Δ/λ の展開になっていることに注意してもらいたい．これをハミルトニアンの式に代入すると，最初の項はちょうど古典的な Maxwell ハミルトニアンになる．その次の項を考えよう．

$$\frac{1}{2} \sum_{v_i, v_j} \langle \Delta | \hat{w}_a(v_i) \hat{w}_b(v_j) | \Delta \rangle \Big((v_i - P)_c \partial^c \big(e^a(P)\big) e^b(P) \\ + (v_j - P)_c e^a(P) \partial^c \big(e^b(P)\big) \Big) \tag{10.41}$$

基本領域全体において和の計算を行う際に，次の量を評価する必要がある．

$$\langle \Delta | \hat{w}_a(v_i) \hat{w}_b(v_j) | \Delta \rangle \frac{(v_i - P)_c}{\Delta} \tag{10.42}$$

これは，ひと組の結節点を指すベクトルの和の計算にあたり，それらの結節点は等方的に分布するものと仮定されるので，それを平均化した第1近似はゼロになる．したがって，最も顕著な効果が期待できる恣意的な想定でも，この量は高々 $\ell_{\text{Planck}}/\Delta$ に比例する程度にしかならないし，そうでなければ，その高次の冪になる．ここでは1次になると仮定して，そのような状況の含意を調べてみよう．この量は回転対称なテンソル，すなわち χ を1のオーダーの因子として $\chi \epsilon_{abc} \ell_{\text{Planck}}/\Delta$ という形で与えられる．したがって，Maxwell ハミルトニアンに対する補正項が生じる．この項は回転不変であるが，パリティを破る可能性がある．このことを見るために，修正された Maxwell 方程式 (分かりやすいように，通常の電場 $\vec{E}$ と磁場 $\vec{B}$ によるベクトル表記に戻る) を調べると，

$$\partial_t \vec{E} = -\nabla \times \vec{B} + 2\chi \ell_{\text{Planck}} (\nabla^2 \vec{B}) \tag{10.43}$$
$$\partial_t \vec{B} = \nabla \times \vec{E} - 2\chi \ell_{\text{Planck}} (\nabla^2 \vec{E}) \tag{10.44}$$

となり，補正項は平坦空間における場のラプラシアンに依存する．この連立方程式は Lorentz 不変でないことに注意してもらいたい．この織物状態には好ましい座標系が存在する．通例に従って，これらの式から波動方程式を導くと，次式が得られる．

$$\partial_t^2 \vec{E} - \nabla^2 \vec{E} - 4\chi \ell_{\text{Planck}} \nabla^2 (\nabla \times \vec{E}) = 0 \tag{10.45}$$

$\vec{B}$ についても同様の式が得られる．これらの式の解を，波数 $\vec{k}$ とヘリシティを指定した平面波，

$$\vec{E}_\pm = \text{Re}\Big((\vec{e}_1 \pm i\vec{e}_2) e^{i(\Omega_\pm t - \vec{k} \cdot \vec{x})}\Big) \tag{10.46}$$

10.4. 観測可能な効果？

という形で考える. $\vec{e}_{1,2}$ は k の伝播方向に直交する基底ベクトル, Ω は波の振動数である. 上式は, 次の関係が成立する場合に, 修正された波動方程式の解となる.

$$\Omega_{\pm} = \sqrt{k^2 \pm 4\chi\ell_{\text{Planck}}k^3} \sim |k|\left(1 \mp 2\chi\ell_{\text{Planck}}|k|\right) + \cdots \quad (10.47)$$

これが光の波の分散関係である. 展開式の最初の項は, 通常の分散関係 $\Omega_{\pm} \sim |k|$ を与えているが, それに対してヘリシティに依存して符号の変わる補正が加わっている. つまり量子時空は"複屈折"(birefringent) の性質を持つのである. 右巻きの波と左巻きの波を区別できることは, パリティ不変性の破れの証拠となる. この効果は, 弦理論から Amelino-Camelia et al. によって導かれた効果とは違っている. 彼らが見いだしたのは, 単なる $|k|$ の高次冪に比例する分散の補正だけであり, そこにヘリシティ依存はなかった. 弦理論でもヘリシティに依存する補正は出てくるが, それは $\ell_{\text{Planck}}/\lambda$ による展開において, より高次の部分に現れる.

この計算が制約付きであることは, いくら強調しても強調しすぎることはない. まず, そもそもこの計算は, 如何なる方法によっても拘束条件を強いていない単なる運動学的な計算にすぎない. たとえば計算の何処にも一般相対論の要請を入れていない. 更には, 我々は望ましい効果を得るために, 量子状態がパリティを破るような織物状態であると仮定した. そのような状態が我々の宇宙を記述すると論ずるための物理的な動機付けの要因は存在しない. したがってこの計算は, ループ量子重力において"起こるかもしれない効果"の反映とまでは言えても, そのような効果が確実に起こるとは言えない.

実際に, この効果の可能性はガンマ線バーストではなく電波天文学によって既にある程度まで排除されている. 広い波長領域において偏極波を発生する電波源が存在するが, その偏極の波長への影響の顕在化は見られない. Gleiser and Kozameh (2001) は, この観測事実に基づく制約として, パラメーター χ の値を 10^{-3} 未満と見積った. 更に厳しい制約が, ある種のガンマ線バーストによって与えられる (Mitrofanov (2003)). Amelino-Camelia et al. によって提案された, 複屈折を含まない式(10.37)の効果は, さほど厳しい制約を受けていない (Abdo et al. (2009)).

残念ながら, 一部の研究者やブログの書き手は, 実験的な制約から「ループ量子重力は否定された」と誤解している (たとえば Mitrofanov (2003)). 上述の議論から明らかであるが, 実験的な制約は, 我々の宇宙を記述するための仮設的な状態の種類を制限しているだけであり, ループ量子重力に基づく確定的な予言が否定されたわけではない. 我々は分散の計算に, ループ量子重力の力学を用いたわけではないし, そのような仮設的な状態が生じやすいことを示す機構を提案したわけでもない. 実験と比較して理論の当否を確定できるような真の予言は, 現在の理論の水準から与えることができないような予言ということになるであろう.

上述の計算から誘発される，さらに重大な概念的疑問もいくつも存在しており，これらに関して現在まで満足な理解は得られていない．最も明白な疑問は，修正されたMaxwell方程式がLorentz不変でなくなることであろう．Lorentz不変性を破ることは，理論にとって危険きわまりない．それは即座に実験事実と多くの齟齬をもたらすからである (Collins *et al.* (2004))．

10.4.2　時間と距離の測定精度限界

量子重力効果が生じる特徴的な距離尺度は，Planck尺度に比べてかなり大きいかもしれないという提案がある．ループ量子重力に関して，そのような主張の根拠は，きわめて弱いものしかない (Gambini and Pullin (2008a))．しかしながら，この類の提案は，量子重力の効果の可能性を探し続けるための思索と着想の源泉になってきた．特異な効果が，現代の高精度の実験によって到達できるエネルギーや距離の尺度において生じる可能性も考えられるからである．

この問題に関する議論は，以下に示すような線に沿って進んできている．かなり以前に，Salecker and Wigner (1958) は，時空の測定に対して量子力学が如何なる限界を与えるかを研究した．彼らが特に注視したのは「時計が実現できる正確さの究極的な限界は何処か？」という問題である．この問題を探るために，彼らは2枚の鏡から構成され，その間を光子が反射して行き来するような理想的な時計を想像した．光子が鏡にあたるたびに，その時計は"時を刻む"．実験に対する外部からのすべての干渉を避けるために，その時計は完全な真空に置かれ，如何なる外部からの擾乱にも影響されないものと想定する．そのような理想的な時計にさえ，不正確さは生じ得るが，主にそれは鏡の波動関数が，環境との相互作用はないにしても，それ自体の時間発展として拡がることに因る．波動関数が拡がるにしたがって，"時の刻み"は不正確になってゆく．SaleckerとWignerはその精度を $\delta t \sim \sqrt{t/M}$ と見積った．t は測りたい時間である．この式は $\hbar = c = 1$ の単位系で表されているが，G は1ではない．この単位系において，質量は時間の逆数の次元を持つ．この式によると，状況から予想されるように，測りたい時間が長くなるほど不正確さが増してくる．測定時間の不正確さは，鏡の質量の逆数にも依存している．ここから得られる教訓は，より正確な時計を望むならば，より質量の大きい時計が必要になるということである．

しかしながら上述の議論は，重力を考慮に入れていない．重力を考えると，時計の質量を無限大まで増やすことはできず，それ以前に時計がブラックホールに転化してしまう．読者は次のように問うかもしれない．時計を重くするのと並行して大きくしてゆけば，質量は高密度にならずブラックホールが形成されないので，時計の精度

10.4. 観測可能な効果？

を上げてゆけるのではないだろうか？ これに対する答えは否定的なものである．時計が大きくなるほど，光速の制約のために，時計の正確さは劣化してゆく．この議論は多くの研究者によって進められたが，早いものでは Karolhyazy et al. (1986)，より最近では Ng and van Dam (1995) その他による考察がある．これらは Salecker-Wigner の議論との間に緊張関係をもたらすものであった．つまり，時計の質量を大きくするほど時計の正確さが向上するという推測は正しくないというのである．最高の正確さは，実際には，時計がその寸法の下で，ブラックホールに転化する寸前の質量を持つときに達成される．この状況下での精度は $\delta t \sim t_{\text{Planck}}^{2/3} t^{1/3}$ と与えられる．$t_{\text{Planck}} \sim 10^{-44}$ s である．この時間の精度の式を，より良く理解するために，次のように書き直すとよい．

$$\delta t \sim \sqrt[3]{\frac{t}{t_{\text{Planck}}}} \, t_{\text{Planck}} \tag{10.48}$$

量子力学と重力による時間の効果として予想されるように，これは Planck 時間を含んでいるが，その前に付いている因子は大きい．t が実験室において考え得るような程度の長時間（日，時間）であれば，この因子は 10^{10} のオーダーになる．それでも時計の精度としては，最良の原子時計の精度よりもまだ約 10 桁もよい精度であるが，このことは，何らかの巧妙な工夫によって，精度の限界を検出できるかもしれないという期待を抱かせる．たとえば，そのような時間の不正確さは，距離にすれば 10^{-18} m ほどの不正確さになる．LIGO 計画や VIRGO 計画の重力波干渉計は，このオーダーの距離を検出できる．このことが直ちに，測定時間精度の劣化効果の観測可能性を意味するわけではない．干渉計は複雑な器具であり，多くの光子を用いてその平均位置を測定するものなので，個別の光子の到達時間の不正確さは分からない．しかしながら，それが桁として同等になるという可能性はあり得る．

上述の議論は，本質的に難しい部分を誤魔化している気味があることに注意されたい．重力は古典的な概念として導入されており，本当の意味で量子重力に立脚しているわけではない．ここで，これらの議論に最も好ましい照明をあてるためには，この問題に 1920 年代初期において不確定性原理が占めていたのと同等の地位を与えるのがよい．人々はそのような原理が存在する可能性を知っていたが，それを詳しく理解できていなかったし，それが常に成立すべき本質的な理由も分かっていなかった．ここで述べたような種類の不確定性に関しても，重力の量子論から同様の本質的な議論を見いだすことができるかどうか，今のところ不明である．上述の議論には批判もあるが (Requardt (2008))，別の議論から同様の制約が見いだされることも注意に値する (Lloyd and Ng (2004))．

10.5 時間に関する問題

既に論じたように，一般相対性理論は完全拘束系の理論である．全ハミルトニアンは，拘束条件の線形結合だけによって与えられる．拘束系の理論において物理的に調べることができる量は，拘束条件との Poisson 括弧がゼロになる量だけなので (そのような量は，理論の対称性の下で不変である)，それらは発展しない定数になる．我々に与えられるのは "凍結した形式" (frozen formalism) であり，我々はそこから何らかの方法で力学(ダイナミクス)を解き放つことが求められる．一部の人々はこのことを，重力の正準量子化における中心的な障害であると考えている．Kuchař (1992) を引用するならば，「私の見解としては，今までのところ，時間の問題を解決もしくは回避するような量子重力の解釈に成功した人はいない」ということである．本節では，この問題を扱った最近の提案について，いくらか論じてみる．

10.5.1 運動の定数のパラメーター発展

この種の提案には長い歴史がある．Wheeler と Bergmann は，1960年代にこれを正準形式の文脈において論じたが，抽象的なアイデアとしては Einstein 自身も考えていたことである．後年，この問題は Rovelli (1991) によって強調されている．正準変数 q^i および p_i を持つ完全拘束系が与えられたとして，ひとつのパラメーター t を用いた Dirac 観測量の組(ファミリー) $Q^i(t)$ を構築することを考えよう．これらの量は，拘束条件との Poisson 括弧がゼロでなければならない．パラメーターに正準な配位変数のひとつと同じ値を取らせれば，そのような状況が得られる．たとえば $t = q^1$ として，観測量の組を $Q^i(t = q^1) = q^i$ とすればよい．背景となる概念は，対称性と拘束条件を持つ理論において，与えられる変数の値について問うことはできず，ある変数の値と別の変数の値の間の関係に関する質問だけを問うことができる，というものである．そのような設問は不変である．

この事情を簡単な例で見てみるために，1次元方向に運動する相対論的な粒子を考える．正準座標は p_0, p, q^0, q である．ここでの拘束条件は，4元運動量の自乗と，粒子の質量の自乗の関係として与えられる．

$$\phi = p_0^2 - p^2 - m^2 = 0 \tag{10.49}$$

p は Dirac 観測量であることが即座に分かる．少々考察すると，これとは独立な，もうひとつの Dirac 観測量として，次のものがある．

$$X = q - \frac{p}{\sqrt{p^2 + m^2}} q^0 \tag{10.50}$$

これら2つのDirac観測量から，発展する運動の定数(evolving constant of the motion)を構築することができる．

$$Q(t, q^0, q, p) = X + \frac{p}{\sqrt{p^2 + m^2}} t \tag{10.51}$$

ここで $Q(t = q^0) = q$ であることは自明である．したがって，パラメーター t に依存する発展が得られたことになる．

上述のアプローチに対して，2つの批判があり得るが，それらはパラメーター t の役割に関係する．第1に，パラメーター t の物理的な役割は何なのか？ このパラメーターによる発展が，我々が自然界において見るものに対応する理由は何か？ 特に，t が正準な配位変数のひとつに同定されるのだから，拘束された理論を扱うのであれば，それは物理的に観測される量ではない．物理的な観測量にあたる変数に，時間の記述の基礎を置くべきではないのか？ 第2の問題は，量子論へ移行する際に生じる．$t = q^0$ という要請はどうなるのか？ q^0 は正準変数なので，演算子化されるべきであるが，その一方で t は古典的な連続変数のままなのか？ 正準変数の中のひとつを連続なパラメーターに同定するために，量子化しない正準変数をひとつ選ぶのか？ 我々は，古典的なパラメーター t を参照せずに，発展する観測量を扱う方法が存在することを見る予定であるが，そのためには時間の問題に関するもうひとつの提案について，簡単に触れておかなければならない．

10.5.2 条件付き確率の解釈

Page and Wootters (1983) は，一般相対性理論のような完全拘束系における時間の問題に関する提案を行った．これは条件付き確率の解釈 (conditional probabilities interpretation) と呼ばれる．その提案は，すべての変数を量子力学的な演算子へ移行させ，そのひとつを時計として選び，残りの変数に関する条件付き確率を問う，というものである．たとえば量子力学的な変数 X と，その時間発展を調べたいとする．時計の変数を T と名付ける．これらの変数は可換であり，両者とも演算子として表される．ここで次のように問うことができる．「時刻が T_0 になるという条件下で，X が X_0 という値を取る確率はいくらか？」 このような質問に対して，量子力学的には，次のように調べることになる．

$$P(X = X_0 | T = T_0) = \frac{\langle \Psi | P_{T_0} P_{X_0} | \Psi \rangle}{\langle \Psi | P_{T_0} | \Psi \rangle} \tag{10.52}$$

P_{T_0} は，固有値 T_0 を持つ固有空間への射影演算子を表し，P_{X_0} も同様である．Ψ は量子状態である．完全拘束系の理論に対して，このアプローチを適用する際に主要な問

題になるのは，XとTをどのように選べばよいか，ということである．Dirac観測量を選ぶならば，それらはすべて運動の定数なので，どれも時計Tに相応しくないという困難に突き当たる．PageとWoottersは，XとTとして，拘束条件とのPoisson括弧がゼロにならない量を選ぶことによって，この問題を回避することを試みた．この措置は理に適っていると言える．そのような変数は観測量ではないけれども，それらの間の関係は，既に言及したように，不変な意味を持つことができるからである．しかしながら，新たな問題が生じる．状態Ψとして何を選べばよいのだろう？ 拘束条件によって消滅するような状態を選べばよいのか？ それとも拘束条件によって消滅しない運動学的な状態を選ぶのか？ もし後者を選ぶならば，そこには拘束条件が用いられていないことになるので，扱っている理論に関する情報が何処で入ることになるのか説明が困難になる．PageとWoottersは，Ψを拘束条件によって消滅する状態とすることを提案した．しかしながら，そのような状態に対して，Dirac観測量ではない変数の固有状態への射影演算子を作用させたものは，一般に拘束条件によって消滅しない状態へ移行する．Kuchař (1992) は，このような理論の構築方法を，パラメーター付けされた粒子の簡単な例に適用し，上述の問題に起因して不適切な伝播関数が得られることを示した．伝播関数は本質的に，

$$\langle t,x|t',x'\rangle = \delta(t-t')\delta(x-x') \tag{10.53}$$

となってしまう．つまり粒子は伝播しない！

10.5.3 発展する運動の定数を用いた条件付き確率

最近，ここまでに示した2つの提案を組み合わせるならば，個別の提案において遭遇するいくつかの困難を解消できることが示された (Gambini *et al.* (2009a))．そのアイデアは，条件付き確率を構築するけれども，そこで条件付き確率を計算する対象となる量を，発展する運動の定数にするというものである．拘束条件のある正準系から議論を始めるものとして，まず，調べたい量に対応するような，発展する運動の定数$X(t)$を構築する．そして，$X(t)$とのPoisson括弧がゼロになるような，もうひとつの発展する定数$T(t)$を選び，時計の役割を担わせる．それからPage-Woottersの場合に倣って，これらの発展する運動の定数の間での条件付き確率を計算する．

$$P(X=X_0|T=T_0) = \lim_{\tau\to\infty}\frac{\int_{-\tau}^{\tau}dt\,\langle\Psi|P_{T_0}(t)P_{X_0}(t)|\Psi\rangle}{\int_{-\tau}^{\tau}dt\,\langle\Psi|P_{T_0}(t)|\Psi\rangle} \tag{10.54}$$

10.5. 時間に関する問題

　発展する運動の定数は，正真正銘の Dirac 観測量なので，それを拘束条件によって消滅するような状態に作用させると，その結果として，やはり拘束条件によって消滅するような状態を生成する．その上，観測できない古典パラメーター t は，条件付き確率を求める式において積分されてしまうので，それを物理的に観測する方法を見いだす必要はない．そして，時計の役割を担う変数を注意深く選べば，通常の伝播関数が導かれることが，簡単な例によって示される．時計変数が"極めて古典的"(たとえば単調増加するなどの諸条件を満たす) 場合にのみ，通常の伝播関数が再現される．

　もちろん，本当に関心の対象となるような状況において，時間の問題を解決するにはほど遠い．発展する運動の定数を構築する必要があるけれども，一般に，真空における一般相対性理論において，それは不可能だからである．しかしながら，発展する運動の定数を構築するための近似的な体系(スキーム)も提案されており (Dittrich (2006))，この文脈において，時間に関する問題を解決できる可能性はあり得る．

関連文献について

　本章で扱った題材の大部分は，現在研究が進みつつあるものなので，教育的な入門書はほとんどない．推奨できる文献は，本文中に挙げたものくらいである．ブラックホールに関する熱力学の一般的な議論は Carroll (2003) において簡潔に扱われている．量子力学における径路積分の良い入門書は Feynman and Hibbs (1965) である．幾分古さはあるが，スピン泡に関する良い入門が Perez (2004) に見られ，これには改訂の予定がある (Perez (2011))．Rovelli (2007) と Thiemann (2008) の本には，スピン泡と，ブラックホール・エントロピーを扱う章が含まれている．特に Rovelli の本では，ブラックホールのエントロピーが何を表しているのかという問題について，物理的に優れた議論がなされている．時間に関する問題は，Kuchař (1992) のレビューに美しくまとめられている．

第 11 章　未解決問題と論争

　一見，本章のタイトルは奇異に感じられるかもしれない．科学に関する本において何故，論争が扱われるのか？　科学は事実に基づくものではないのか？　確立された科学の分野に関してはその通りである．しかしながら，まだ完成されていない科学の分野について語る場合には，状況が異なってくる．ループ量子重力は，今のところ不完全な理論である．我々が論じてきたようなハミルトニアン拘束を含んだ現在の定式化の方法の下で，本当に自然を記述できるのかどうか我々には分かっていない．さらに悪いことに，現在の理論の水準において，具体的に計算できることは多くない．このような状況下では，科学者同士のあいだでも，ループ量子重力のアプローチには見込みがあるのかどうか，率直に見解の不一致が生じることもあり得る．何故なら人々は，未だ得られていない結果について想像を働かせているのであって，それぞれの研究者が持つ直観や本能的な感覚などから，異なった結論が導かれてしまうからである．これは「そのコップには水が半分しか入っていませんか，半分も入っていますか？」といった悲観・楽観の議論の科学版とも言える．今日では，ループ量子重力に対して否定的な意見を吹聴するブログや，インターネット上の議論も数多く存在している．一般的に言って，そのようなところから論争について学ぶことを読者に勧めることはできない．ブログやインターネット上の主張は，雑多な人々による整理されていない意見であり，それらの中には詳細な知識や知見の裏付けがあるのかどうか疑わしいものもあるし，大抵は比較的拙速に書かれており，不適切な声明を含むものが多い．幸い，ループ量子重力に対する批判の一部は，注意深い査読を通すような雑誌に掲載されている．Nicolai, Peeters, and Zamaklar (2005) は，科学者たちのいくつかの立場を概観する論文を書いた．彼らの論文は少々古くなっているが，現在も読まれるべき価値がある．Thiemann (2007) もいくつかの批判について論じている．Nicolai and Peeters (2007) は，彼らの議論を更新した．ここでは，これらの論文で注目されている問題のいくつかに照明をあててみる．

　ループ量子重力に対して最もよく耳にする反論のひとつは，その運動学的な構造に関するものである．我々はAshtekar-Lewandowski内積を持つような表現(表示)の下で議論を行うことになるが，そのような表現は不連続な性質を持つ．この性質は

ループ量子宇宙論の文脈においてさえ明白である．有限の数の自由度を持つ力学系を扱っても，ループ量子重力の技法を用いるならば，新規で非自明な結果を得ることになる．その理由は，この表現における不連続性によって，Stone-von Neumannの定理からの制約を回避できるからである．しかしながら同様の表現を，もっと馴染み深い物理系，たとえば調和振動子に適用すると何が起こるだろうか？ この問題はHelling and Policastro (2004) の論文で取り上げられ，彼らはループ型の量子化から適正な物理的結果を得ることができないという結論に達した．Thiemann (2007)はこれに反論し，ループ型の量子化によって，調和振動子の適正な結果を任意の精度まで近似できることを示したが，通常の量子化が完全に再現されたわけではなかった（そのためには，あり得ない極限操作が必要となる．これは多分にループ量子宇宙論における $\mu_0 \to 0$ の極限に似ている）．単純な量子力学系に関するこのような状況は，さらに Ashtekar, Fairhurst, and Willis (2003) や，Fredenhagen and Reszewski (2006) によって調べられている．

いくつかの反論は，本書でも取り上げた Thiemann によるハミルトニアン拘束の特別なバージョンに向けられている．ひとつの重要な反対意見は，それ自体の構築方法の曖昧さに関するものである．他方において，因子の順序化の曖昧さも存在し，また三角形分割を縮小する極限においてハミルトニアン拘束の中に曲率と接続を生み出すような項を構築するために，結節点にどのような種類のループを加えるかという曖昧さも存在する．もちろん，もし順序化にすべての自由度を許容するならば，基本的な場の理論も多大な曖昧さを伴う．通常の指針となるのは，自然さという観点，すなわち量子化を施す際に過度に複雑にならないようにするということである．Thiemannのハミルトニアンの場合，自然にすべての3脚場(トライアド)を体積演算子と組み合わせることになるので，順序化に関わる唯一の曖昧さは，体積をホロノミーの右に置くか左に置くかということだけである．体積を左側に置くと問題に突き当たる．三角形分割において，スピン・ネットワークの結節点には対応していないけれども，ネットワークにおける中間的な正則点にあたるような頂点を考えてみよう．もし，まず，非平面的な4価の結節点が形成されるような方法でホロノミーを加え，それから体積を作用させるならば，元々のスピン・ネットワークでは結節点のない点に関して，ハミルトニアンでゼロでない寄与を得てしまうことになる[1]．このことは，三角形分割をゼロに縮小させた極限を取る際に，得られる演算子は無限に多くの寄与を含み，発散することを意味する．したがって現実的に，因子の順序の選択には，かなりの必然性がある．ホロノミーを $SU(2)$ の基本表現によって加えると決めた部分にも曖昧さがある．別の

---

[1] 実際には，状況は更に悪い．より注意深い考察によれば，三角形分割のすべての頂点において，それが元のスピン・ネットワークに重なっているかどうかに関わらず，寄与を持ってしまうことが示されている．

任意の表現によって線を加えることも可能である．3次元重力では，そのような措置によって，もっともらしい解が導かれるので (Perez (2006))，この曖昧さも制約されることが期待される．

ハミルトニアン拘束において，ホロノミーを導入するために用いるループの選択の曖昧さについては，まだ研究が進んでいない．特に，この無数の曖昧さが，ハミルトニアン拘束の解の水準において何を含意するのか不明である．一部の人々は次のように問うている．ハミルトニアン拘束の定義における曖昧さは，繰り込み不可能な摂動論における無数の相殺項の導入と類似のものではないだろうか？ ループ量子重力の研究者たちは，そうではないと考える傾向がある．繰り込み不可能な摂動の例では，可算の数の繰り込み定数が連続値を取るために，無限の曖昧さが生じている．一方，ループ量子重力では，物理的な Hilbert 空間は離散的な数の曖昧さに依存するだけである．その上，摂動的な量子重力では無数の相殺項を導入しても発散する理論となっており，それを正則化して繰り込みを施す必要があるけれども，ループ量子重力は，おそらく繰り込みを施さなくとも有限の結果を与えることが予想される．さらには，ループ量子重力においては，曖昧なパラメーターの値に関する選択の多くが，病理を含む理論を導くという理由で排除されることになるけれども，摂動的な量子重力において，相殺項の可能な値のすべてが等しく自然である．

ハミルトニアン拘束に関する様々な曖昧さの問題に関して，現在もループ量子重力を研究する人々の中で議論と検討が行われており，この理論において克服されるべき重要問題と見なされている．Ashtekar (2008) は現状を，次のようにまとめている．「現在の状況において最も不満足な点は，これらの曖昧さの物理的な意味と効果に対する理解が進んでいないことである．'自然さ' と '簡潔さ' に基づく規準によって曖昧さを除くことはできるが，その物理的な含意を深く理解できない限り，そのような規準は主観的なものにとどまり，必然的とは言えない．」また，実験結果と整合するような異なる理論を生み出すような選択がある場合に，やはり曖昧さが問題になるということにも注意が必要である．ループ量子重力の現状からすると，そのような懸念は時期尚早であろう．半古典的な極限に対する理解を我々が進展させることができれば，多くの曖昧さが解消されるという可能性はある．

もうひとつの問題は，物質との結合に関係している．Thiemann は，純粋な重力理論のためのハミルトニアン拘束を書くための技法と同じ方法を，重力と素粒子の標準模型 (フェルミオン，スカラー場，ゲージ場を含み，超対称性を備えたもの) を組み合わせたモデルにも応用できることを示した．それによれば，物質との結合は，特段の制約なしに行うことができ，量子異常(アノマリー)や発散が引き起こされることもないように見える．このことは，他の量子重力へのアプローチとは著しい対照をなしている．超重力

のような理論の場合は，理論全体の整合性を保つために，物質の内容には強い制約が生じる．ループ量子重力理論に物質を適正に組み込める可能性が高いということは，この理論の利点と見なし得る．しかしながら，ループ量子重力が物質との結合に無矛盾性の要請を課することがないように見えるのは，運動学的な水準の話にすぎないということも強調しておかなければならない．力学的な性質が明らかにされて，その半古典的な極限に対する理解も進展すると，事情が変わってくる可能性もある．たとえば，物質と結合した重力に関してマスター拘束を実際に構築できるのか，あるいは特定の物質との結合を考える際に，そのスペクトルにゼロが含まれることになるのか否か，といった状況は今のところ不透明である．したがってこれらの面を，この理論が取り組むべき問題として扱うには，まだ早すぎる段階にあるものと思われる．

　一部の人々が気にするもうひとつの問題は，摂動的な量子重力に現れる無限大が，ループ量子重力の何処に対応するのか，ということである．ループ量子重力では，すべての量が有限になるように見える．残念ながら，完全な理論から出発して，摂動的な量子重力との接点を探ることは困難である．したがって，この問題に対する答えは実際には知られていない．おそらく時間の扱い方を，関係性による定式化や物質との結合の利用などで選び，時間依存を生成する実効的なハミルトニアン(拘束ではなく)を得ることができれば，そこから散乱振幅が定義される．摂動論との接点を探るために，Minkowski時空にピークを持つような状態を考える必要がある．たとえばSahlmann and Thiemann (2006) による半古典的な扱いによれば，宇宙定数を修正するような相殺項が現れる．このような計算は現状では限定的なものであるが，摂動による結果との対応関係を調べる方法について，何某かの概念を与えている．

　ループ量子重力の研究者を含む多くの人々が心配する点は，Lorentz不変性や微分同相不変性を破る可能性の問題である．これらの対称性が破られるという確定的な証拠が存在するわけではない．しかしながら拘束代数を，微分同相拘束とハミルトニアン拘束の両方を含んだ形で実行できないという事実は，間違いなく不都合なことである．拘束代数は古典的には，3＋1形式が，空間と時間を別の方法で扱うにもかかわらず，時空の微分同相変換の下での不変性を保持することを保証する．しかし同じ路線に沿って，微分同相拘束とハミルトニアン拘束を異なる方法で扱うことは懸念の対象になる．この問題は，マスター拘束プログラムの動機付けのひとつになっている．このプログラムではハミルトニアン拘束と微分同相拘束の両方をマスター拘束の構築に含めることができるので，これらを同等の位置づけで扱うことが可能となり，その目的は，代数的量子重力 (Algebraic Quantum Gravity) の設定によって達成された (Giesel and Thiemann (2007))．

　拘束代数の問題を無視するとしても，基本的な水準で離散性を持つ理論において，

局所的な Lorentz 不変性が保たれるかどうかは心配の種となる．特に，基本的な長さの存在と，Lorentz-Fitzgerald 収縮現象との整合性を，どのように考えればよいのだろうか？ この問題は Rovelli and Speziale (2003) によって，いくらか詳しく論じられている．局所的な Lorentz 不変性が，特に厳しく守られなければならないことは心しておくべきである．Lorentz 不変性が僅かでも破られるとなると (たとえば Planck 尺度であっても)，それは場の量子論の摂動計算において，実験結果との破滅的な乖離を引き起こすことが示されている (詳細については Collins $et\ al.$ (2004) を参照).

まとめると，ループ量子重力の，理論として不完全な状態と，通常の場の理論の取扱いとは異なる諸側面のために，ループ量子重力には何か問題が含まれているという懸念を持つ人々もいる．現在まで，よく定義された具体的な批判が，ループ量子重力に対してなされたわけではない．このことは，しかしながら正直な科学者が，この理論のアプローチ全体に対して懐疑を持たないということを意味するわけでもない．この理論に主体的に携わる研究者には，さらに物理的に複雑さの増した状況をよく調べて，究極的に，判定感度の高い物理的な予言を生み出す義務がある．この文脈において，ループ量子重力の中に，実験事実との整合のために作為的に決めるような要因が多くないことは心強いことである．我々が見てきた運動学的な枠組みは，独特の一意性を備えたものである．時空次元も固定されている．物質場を加えることもできるが，それらは純粋に重力的な部分(セクター)からの予言に影響を与えず，後者の部分(セクター)は厳しい制約を受けている．このような事情は弦理論とは対照的である．弦理論の研究は，かなり多様な展開を見せており，あまりにも自由度が多くなりすぎるために，予言的な理論にはなり得ないと考える人々もいる．ループ量子重力が存立可能な理論か否かを知るためには，さらなる研究と時間が必要であろう．あるいはまた，この理論が最終的な量子重力理論となり得るかどうかに関わらず，ここから場の量子論に対する非摂動論的なアプローチの構築方法について得られる多くの教訓は，この分野に費やされる努力を，価値のある魅力的なものに転化させるであろう．

参考文献

(筆頭著者名アルファベット順)

1. Abdo, A. *et al.* (2009) *Nature*, **462**, 331.
2. Abers, E. and Lee, B. (1973) *Phys. Rep.* **9**, 1.
3. Agulló, I., Barbero, J. F., Borja, E., Díaz-Polo, J., and Villasenor, E. (2010) *Phys. Rev. D* **82**, 084029.
4. Alesci, E., Bianchi, E., and Rovelli, C. (2009) *Class. Quan. Grav.* **26**, 215001.
5. Amelino-Camelia, G., Ellis, J., Mavromatons, N., Nanopoulos, D., and Sarkar, S. (1998) *Nature* **393**, 763.
6. Arnowitt, R., Deser, S., and Misner, C. (2008) *Gen. Rel. Grav.* **40**, 1997.
7. Ashtekar, A. (1986) *Phys. Rev. Lett.* **57**, 2244.
8. Ashtekar, A. (1988) *New Perspectives in Canonical Gravity*. Bibliopolis, Naples.
9. Ashtekar, A. (2008) "Loop quantum gravity: Four recent advances and a dozen frequently asked questions", in H. Kleinert, R. Jantzen, R. Ruffini (eds.), *Proceedings of the Eleventh Marcel Grossmann Meeting on General Relativity*. World Scientific, Singapore.
10. Ashtekar, A., Baez, J., Corichi, A., and Krasnov, K. (2000) *Adv. Theo. Math. Phys.* **3**, 418.
11. Ashtekar, A., Fairhurst, S., and Willis, J. (2003) *Class. Quan. Grav.* **20**, 1031.
12. Ashtekar, A. and Krishnan, B. (2004) *Liv. Rev. Rel.* **7**, 10.
13. Ashtekar, A. and Lewandowski, J. (1997) *Class. Quan. Grav.* **14**, A55.
14. Ashtekar, A. and Wilson-Ewing, E. (2009) *Phys. Rev. D* **79**, 083535.
15. Ashtekar, A., Pawlowski, T., and Singh, P., (2006) *Phys. Rev. D* **74**, 084003.
16. Ashtekar, A., Pawlowski, T., and Singh, P., (2007) *Phys. Rev. D* **75**, 024035.
17. Ashtekar, A. and Singh, P. (2011) "Loop cosmology" in preparation for *Class. Quan. Grav.*
18. Baez, J. and Muniain, J. (1994) *Gauge Fields, Knots and Gravity*. World Scientific, Singapore.
19. Barbero, F. (1995) *Phys. Rev. D* **51**, 5507.
20. Barrett, J. and Crane, L. (2000) *Class. Quan. Grav.* **17**, 3101.
21. Bekenstein, J. (1973) *Phys. Rev. D* **7**, 2333.

22. Bianchi, E. and Rovelli, C. (2010) "Why all these prejudice against a constant?", arXiv:1002.3966 [astro-ph.CO] [accessed 11 March 2011].
23. Bojowald, M. (2000) *Class. Quan. Grav.* **17**, 1489.
24. Bojowald, M. (2004) *Class. Quan. Grav.* **21**, 3541.
25. Bojowald, M. (2008) *Liv. Rev. Rel.* **11**, 4.
26. Borissov, R., De Pietri, R., and Rovelli, C. (1997) *Class. Quan. Grav.* **14**, 2793.
27. Brown, D. (2011) In preparation.
28. Campiglia, M., Di Bartolo, C., Gambini, R., and Pullin, J. (2006) *Phys. Rev. D* **74**, 124012.
29. Carlip, S. (2008) *Class. Quan. Grav.* **25**, 154010.
30. Carroll, S. (2003) *Spacetime and Geometry: An Introduction to General Relativity.* Benjamin Cummings. Based on notes available online at http://preposterousuniverse.com/grnotes/ [accessed 11 March 2011].
31. Carter, B. (1971) *Phys. Rev. Lett.* **26**, 331.
32. Christodoulou, D. and Ruffini, R. (1971) *Phys. Rev. D* **4**, 3552.
33. Collins, J., Perez, A., Sudarsky, D., Urrutia, L., and Vucetich, J. (2004) *Phys. Rev. Lett.* **93**, 191301.
34. Corichi, A. (2009) *Adv. Sci. Lett.* **2**, 236.
35. Corichi, A., Díaz-Polo, J., and Fernández-Borja, E. (2007) *Phys. Rev. Lett.* **98**, 181301.
36. Date, G. (2010) "Lectures on constrained systems", arXiv:1010.2062 [gr-qc] [accessed 11 March 2011].
37. Dirac, P. (2001) *"Lectures in Quantum Mechanics"*, Dover.
38. Dittrich, B. (2006) *Class. Quan. Grav.* **23**, 6155.
39. Dittrich, B. and Thiemann, T. (2006) *Class. Quan. Grav.* **23**, 1143.
40. Donoghue, J. (1994) *Phys. Rev. D* **50**, 3874.
41. Engle, J., Pereira, R., and Rovelli, C. (2007) *Phys. Rev. Lett.* **99**, 161301.
42. Eppley, K. and Hannah, E. (1977) *Foundations of Physics.* **7**, 51.
43. Feynman, R. and Hibbs, A. (1965) *Quantum Mechanics and Path Integrals.* McGraw-Hill.
44. Fleischhack, C. (2006) *Phys. Rev. Lett.* **97**, 061302.
45. Fredenhagen, K. and Reszewski, F. (2006) *Class. Quan. Grav.* **23**, 6577.
46. Freidel, L. and Krasnov, K. (2008) *Class. Quan. Grav.* **25**, 125018.
47. Frolov, V. and Novikov, I. (1998) *Black Hole Physics.* Kluwer, Dordrecht.
48. Gambini, R., Porto, R., Pullin, J., and Torterolo, S. (2009a) *Phys. Rev. D* **79**, 041501(R).
49. Gambini, R. and Pullin, J. (1996) *Loops, Knots, Gauge Theories and Quantum Gravity.* Cambridge University Press, Cambridge.
50. Gambini, R. and Pullin, J. (1999) *Phys. Rev. D* **59**, 124021.

51. Gambini, R. and Pullin, J. (2008a) *Int. J. Mod. Phys. D* **17**, 545.
52. Gambini, R. and Pullin, J. (2008b) *Phys. Rev. Lett.* **101**, 161301.
53. Gambini, R., Pullin, J. and Rastgoo, S. (2009b) *Class. Quan. Grav.* **26**, 215011.
54. Gambini, R. and Trias, A. (1980) *Phys. Rev. D* **22**, 1380.
55. Gambini, R. and Trias, A. (1981) *Phys. Rev. D* **23**, 553.
56. Gambini, R. and Trias, A. (1986) *Nuc. Phys. B* **278**, 436.
57. Gamow, G. (1970) *My World Line, An Informal Autobiography*. Viking Adult.
58. Garay, J., Martín-Benito, M., and Mena-Marugán, G. A. (2010) *Phys. Rev. D* **82**, 044048.
59. Giesel, K., Hoffmann, S., Thiemann, T., and Winkler, O. (2007) *Class. Quan. Grav.* **27**, 055005; 055006.
60. Giesel, K. and Thiemann, T. (2007) *Class. Quan. Grav.* **24**, 2465; 2499; 2565.
61. Giles, R. (1981) *Phys. Rev. D* **24**, 2160.
62. Gleiser, R. and Kozameh, C. (2001) *Class. Quan. Grav.* **20**, 4375.
63. Goenner, H. (2004) *Liv. Rev. Rel.* **7**, 2.
64. Groenewold, H. (1946) *Physica* **12**, 405.
65. Hanson, A., Regge, T., and Teitelboim, C. (1976) "Constrained Hamiltonian Systems". Accademia Nazionale Lincei, Rome. https://scholarworks.iu.edu/dspace/handle/2022/3108
66. Hartle, J. (2003) *Gravity: An Introduction to Einstein's General Relativity*. Benjamin Cummings, New York.
67. Hawking, S. (1971) *Phys. Rev. Lett.* **26**, 1344.
68. Helling, R. and Policastro, G. (2004) "String quantization: Fock vs. LQG representations", arXiv:hep-th/0409182.
69. Henneaux, M. and Teitelboim, C. (1992) *Quantization of Gauge Systems*. Princeton University Press, Princeton.
70. Huang, K. (1992) *Quarks, Leptons and Gauge Fields*. World Scientific, Singapore.
71. Israel, W. (1967) *Phys. Rev.* **164**, 1776.
72. Jacobson, T. (1995) *Phys. Rev. Lett.* **75** 1260.
73. Jacobson, T. and Smolin, L. (1988) *Nucl. Phys. B* **299**, 295.
74. Károlyházy F., Frenkel A., and Lukács, B. (1986) "Gravity in the reduction of the wavefunction", in R. Penrose and C. Isham, (eds.), *Quantum Concepts in Space and Time*. Oxford University Press, Oxford.
75. Kaul, R. and Majumdar, P. (2000) *Phys. Rev. Lett.* **84**, 5255.
76. Kiefer, C. (1988) *Phys. Rev. D* **38**, 1761.
77. Kiefer, C. (2006) *Quantum Gravity*. Oxford Science Publications, Oxford.
78. Krasnov, K. (1997) *Phys. Rev. D* **55**, 3505.

79. Kruskal, M. (1960) *Phys. Rev.* **119**, 1743.
80. Kogut, J. and Susskind, L. (1975) *Phys. Rev. D* **11**, 395.
81. Kuchař, K. (1992) "Time and Interpretations of Quantum Gravity", in G. Kunstatter, D. Vincent and J. Williams (eds.), *Proceedings of the 4th Canadian Conference on General Relativity and Relativistic Astrophysics*. World Scientific, Singapore. To be reprinted in Int. J. Mod. Phys. D.
82. Laddha, A. and Varadarajan, M. (2010) "The Hamiltonian constraint in Polymer Parametrized Field Theory", *Phys. Rev. D* **83**, 025019.
83. Lauscher, O. and Reuter, M. (2002) *Phys. Rev. D* **66**, 025026; *Int. J. Mod. Phys. A* **17**, 993-1002; *Class. Quan. Grav.* **19**, 483-492; *Phys. Rev. D* **65**, 025013.
84. Lauscher, O. and Reuter, M. (2005) *JHEP* 0510, 050.
85. Lewandowski, J., Okolów, A., Sahlmann, H., and Thiemann, T. (2006) *Commun. Math. Phys.* **267**, 703.
86. Lloyd, S. and Ng, Y. (2004) *Scientific American*, November issue, 56.
87. Mattingly, J. (2006) *Phys. Rev. D* **73**, 064025.
88. Meissner, K. (2004) *Class. Quan. Grav.* **21**, 5245.
89. Mitrofanov, I. (2003) *Nature*, **426**, 139.
90. Ng, Y. and van Dam, H. (1995) *Annals N.Y. Acad. Sci.* **755**, 579.
91. Nicolai, H., Peeters, K., and Zamaklar, M. (2005) *Class. Quan. Grav.* **22**, R 193.
92. Nicolai, H. and Peeters K. (2007) *Lect. Notes Phys.* **721**, 151.
93. Padmanabhan, T. (2010) *Rept. Prog. Phys.* **73**, 046901.
94. Page, D. N. and Geilker, C. D. (1981) *Phys. Rev. Lett.* **47**, 979.
95. Page, D. and Wootters, W. (1983) *Phys. Rev. D* **27**, 2885.
96. Penrose, R. (1971) in T. Bastin, (ed.), *Quantum Theory and Beyond*. Cambridge University Press, Cambridge.
97. Percacci, R. (2006) *Phys. Rev. D* **73**, 041501.
98. Perez, A. (2004) "Introduction to loop quantum gravity and spin foams", [arXiv:gr-qc/0409061] [accessed 11 March 2011].
99. Perez, A. (2006) *Phys. Rev. D* **73**, 044007.
100. Perez, A. (2011) "The spin foam approach to quantum gravity", In preparation for *Liv. Rev. Rel.* and "Recent advances in spin foam models" in preparation for *Pap. in Phys.*
101. Peskin, M. and Schroeder, D. (1995) *An Introduction to Quantum Field Theory*. Addison Wesley, New York.
102. Ponzano, G. and Regge, T. (1968) "Semiclassical limit of Racah coefficients" in F. Bloch (ed.), *Spectroscopic and Group Theoretical Methods in Physics*. North-Holland Publ. Co., Amsterdam.
103. Regge, T. (1961) *Nuo. Cim.* XIX, 559.

104. Requardt, M. (2008) "About the minimal resolution of space-time grains in experimental quantum gravity", arXiv:0807.3619 [gr-qc] [accessed 11 March 2011].
105. Reisenberger, M. and Rovelli, C. (1997) *Phys. Rev. D* **56**, 3490.
106. Rindler, W. (1977) *Essential Relativity*. Springer-Verlag, New York.
107. Romano, J. (1993) *Gen. Rel. Grav.* **25**, 759.
108. Rovelli, C. (1991) *Phys. Rev. D* **43**, 442.
109. Rovelli, C. (1996) *Phys. Rev. Lett.* **77**, 3288.
110. Rovelli, C. (2002) "Notes for a brief history of quantum gravity", in V. Gurzadyan, R. Jantzen, R. Ruffini (eds.), *Proceedings of the 9th Marcel Grossmann Meeting*. World Scientific, Singapore.
111. Rovelli, C. (2007) *Quantum Gravity*. Cambridge University Press, Cambridge.
112. Rovelli, C. and Smolin, L. (1988) *Phys. Rev. Lett.* **61**, 1155.
113. Rovelli, C. and Smolin, L. (1990) *Nucl. Phys. B* **133**, 80.
114. Rovelli, C. and Smolin, L. (1995) *Phys. Rev. D* **52**, 5743.
115. Rovelli, C. and Speziale, S. (2003) *Phys. Rev. D* **67**, 064019.
116. Rovelli, C. and Upadhya, P. (1998) "Loop quantum gravity and quanta of space: A primer", arXiv:gr-qc/9806079 [accessed 11 March 2011].
117. Sahlmann, H. and Thiemann, T. (2006) *Class. Quan. Grav.* **23**, 867; 909.
118. Salecker, H. and Wigner, E. (1958) *Phys. Rev.* **109**, 571.
119. Singh, P. (2011) "A pedestrian guide to loop quantum cosmology" in preparation for *Pap. in Phys.*
120. Schlamminger, S., Choi, K.-Y., Wagner, J., Gundlach, J., and Adelberger, E. (2008) *Phys. Rev. Lett.* **100**, 041101.
121. Schutz, B. (2009) *A First Course in General Relativity*. Cambridge University Press, Cambridge.
122. Smolin, L. (2002) *Three Roads to Quantum Gravity*. Basic Books, New York.
123. Stelle, K. (1977) *Phys. Rev. D* **16**, 953.
124. Szekeres, G (1950) *Pub. Mat. Debrecen* **7**, 285. Reprinted in (2002) *Gen. Rel. Grav.* **34**, 2001.
125. Thiemann, T. (1996) *Phys. Lett. B* **380** 257.
126. Thiemann, T. (1998) *J. Math. Phys.* **39**, 1236.
127. Thiemann, T. (2006) *Class. Quan. Grav.* **23**, 2249.
128. Thiemann, T. (2007) *Lect. Notes Phys.* **721**, 185.
129. Thiemann, T. (2008) *Modern Canonical Quantum General Relativity*. Cambridge University Press, Cambridge.
130. van Hove, L. (1951) *Proc. Roy. Acad. Sci. Belg.* **26**, 1.
131. Weinberg, S. (1979) "Ultraviolet divergences in quantum theories of gravitation", in S. Hawking and W. Israel (eds.), *General Relativity: An Einstein Centenary Survey*. Cambridge University Press, Cambridge.

132. Will, C. M. (2005) *Liv. Rev. Rel.* **9**, 3.
133. Woodard, R. (2009) "How far are we from the quantum theory of gravity?", *Rept. Prog. Phys.* **72**, 126002, 200
134. Zwiebach, B. (2009) *A First Course in String Theory.* Cambridge University Press, Cambridge.

索引

〈あ行〉
Einsteinのエレベーター, 23
Einstein方程式, 32
Ashtekar変数, 92
Ashtekar-Lewandowski測度, 107
一般相対性理論, 23
色 [スピン・ネットワーク線], 106, 114
因子順序化 [Ashtekar変数], 98
インターツイナー (結節因子), 106
Wickの定理, 82
宇宙定数, 35
運動学的な状態 [拘束系], 73
運動量拘束 (ベクトル拘束), 93
Unruh効果, 138
Ehrenfestの回転木馬, 24
$SU(2)$群, 61
$su(2)$代数, 61
エネルギー-運動量テンソル, 33
エレメンタリー・セル (基本胞), 127
応力-エネルギーテンソル, 33
押し出し [写像], 37
おたまじゃくしのダイヤグラム, 84

〈か行〉
外部曲率, 41
Gilesの定理, 68
Gauss拘束, 93
Gaussの法則, 54
Gaussのリンク数 (まつわり数), 104
加重度, 44
価数 [スピン・ネットワーク結節点], 108
仮想粒子, 84
完全拘束系, 57
ガンマ線バースト, 154
幾何的演算子, 109
基本表現 [$su(n)$代数], 105
基本胞 (エレメンタリー・セル), 127

既約質量 [ブラックホール], 134
共変微分, 28, 62
極化の選択 [Hilbert空間], 73
曲線座標, 25
曲率, 29, 63
曲率スカラー, 32
曲率テンソル (Riemannテンソル), 31
均一離散化, 146
Green関数, 79
繰り込み可能性, 85
繰り込み不可能, 87
Christoffel因子, 28
経時 (ラプス) [3+1分解], 41
計量, 25
径路順序化した指数関数, 68
径路積分, 150
ゲージ不変性, 55
結合定数 [Yang-Mills理論], 62
結節因子 (インターツイナー), 106
構造定数 [代数], 62
拘束条件, 48
拘束代数, 95
個演算子, 75
固有時間, 17

〈さ行〉
作用汎関数 [一般相対性理論], 86, 91
三角形分割, 117
3脚場 (トライアド), 42
3+1分解, 39
紫外発散, 84
時間順序化積, 79
時間に関する問題, 160
時空, 12
時空ダイヤグラム, 13
自己共役演算子, 71
事象の地平, 34

索引

磁場, 19
シフト (変位) [3+1分解], 41
縮約 [座標添字], 32
Schrödinger描像, 73
Schwarzschild解, 33
循環, 67
条件付き確率の解釈, 161
消滅演算子, 75
シンプレクス (単体), 150, 153
Stone-von Neumann定理, 73, 77, 127
スピン泡 (スピン・フォーム), 150
スピン接続, 42
スピン・ネットワーク, 106
正準運動量, 47
正準重力, 91
正準量子化, 72
生成演算子, 75
正則化 [場の量子論], 100
接続, 28, 63
接続表示, 98
遷移振幅, 147
漸近安全性, 87
全ハミルトニアン, 50, 58
相空間, 47
相互作用描像, 81
相対性原理, 9
相対論的力学, 16
添字の上げ下げ, 18

＜た行＞

第1類の拘束条件, 56, 95
代数的量子重力, 145, 168
体積演算子, 115
体積の量子, 115
単体 (シンプレクス), 150, 153
単体的複体, 150
調和振動子, 47, 73
Thiemannの技法 [ハミルトニアン拘束], 101
Dirac観測量, 109
Diracの手続き, 50
テンソル, 11
電場, 19
伝播関数, 78
等価原理, 23
等価性問題, 26
凍結した形式, 160
トライアド (3脚場), 42

＜な行＞

2点相関関数, 80

＜は行＞

Barbero-Immirziパラメーターβ, 92, 98, 101, 142
配位空間, 47
Heisenberg描像, 73
Pauli行列, 61
発現時間, 126
発展する運動の定数, 161
Hubbleパラメーター, 126
波動関数, 71
場のテンソル, 19
ハミルトニアン拘束, 93
ハミルトニアン拘束のループ表現, 116
Hamiltonの運動方程式, 47
パラメーター付け替え不変性, 57
汎関数微分, 52
引き戻し [写像], 37
ビッグバウンス, 131
ビッグバン, 35
微分同相拘束, 94
微分同相写像, 36
Hilbert空間, 72
Feynmanダイヤグラム, 83
ブースト (等速推進), 13
複屈折, 157
不鮮明化 [拘束条件], 54
物質との結合 [重力理論], 97, 167
物理的な状態 [拘束系], 72
ブラックホール, 34
ブラックホール・エントロピー, 136, 140
ブラックホールの蒸発, 138
ブラックホールの熱力学, 133
Friedmann方程式, 126
Friedmann-Robertson-Walker宇宙解, 34
分離した地平 [ブラックホール], 140
平行移動関数, 67
ベクトル, 10
ベクトル拘束 (運動量拘束), 93
ベクトルボゾン, 63
ベクトルポテンシャル, 21, 61
変位 (シフト) [3+1分解], 41
Penrose過程 [ブラックホール], 134
Wheeler-De Witt方程式, 126
棒と物置の逆理 [特殊相対性理論], 15

Hawking輻射, 136
保存量, 49
ホロノミー, 65, 67, 68
Poisson括弧, 48

＜ま行＞
マスター拘束プログラム, 143
Maxwell理論, 19
Maxwell理論の正準形式, 51
まつわり数(リンク数), 104
Mandelstam恒等式, 105
ミニ超空間の近似, 123
Minkowski計量, 16
面積演算子, 110
面積の量子, 114, 115

＜や行＞
Jacobi恒等式, 60
Yang-Mills理論, 61
4元運動量, 17
4元速度, 17
4元力, 17

＜ら行＞
来歴加算, 147
Lagrangeの未定係数, 49
ラプス(経時)[3＋1分解], 41
$\lambda\varphi^4$理論, 80
Lie微分(Lie導関数), 38
Riemann幾何学, 28
Riemannテンソル(曲率テンソル), 31
Ricciテンソル, 32
リンク(連結部分), 153
リンク数(まつわり数), 104
ループの長さ μ_0 [ループ量子宇宙論], 129
ループ表示(ループ表現), 104
ループ変換, 104
ループ量子宇宙論, 127
Legendre変換, 47
Regge計算法, 153
Levi-Civita因子, 20
Lorentz変換, 12
Lorentz力, 22
LOST-F定理, 109

訳者略歴
1990年　大阪大学大学院基礎工学研究科物理系専攻前期課程修了
　　　　㈱日立製作所　中央研究所　研究員
1996年　㈱日立製作所　電子デバイス製造システム推進本部　技師
1999年　㈱日立製作所　計測器グループ　技師
2001年　㈱日立ハイテクノロジーズ　技師

著書
Studies of High-Temperature Superconductors, Vol. 1
　（共著，Nova Science，1989）
Studies of High-Temperature Superconductors, Vol. 6
　（共著，Nova Science，1990）

訳書
『多体系の量子論』（シュプリンガー，1999）
『現代量子論の基礎』（丸善プラネット，2000）
『メソスコピック物理入門』（吉岡書店，2000）
『量子場の物理』（シュプリンガー，2002）
『ニュートリノは何処へ？』（シュプリンガー，2002）
『低次元半導体の物理』（シュプリンガー，2004）
『素粒子標準模型入門』（シュプリンガー，2005）
『半導体デバイスの基礎（上/中/下）』（シュプリンガー，2008）
『ザイマン現代量子論の基礎〔新装版〕』（丸善プラネット，2008）
『現代量子力学入門―基礎理論から量子情報・解釈問題まで』（丸善プラネット，2009）
『サクライ上級量子力学（Ⅰ/Ⅱ）』（丸善プラネット，2010）
『シュリーファー超伝導の理論』（丸善プラネット，2010）
『場の量子論（第1巻/第2巻）』（丸善プラネット，2011）
『カダノフ/ベイム量子統計力学』（丸善プラネット，2011）
『量子場の物理〔新装版〕』（丸善プラネット，2012）
『ザゴスキン 多体系の量子論〔新装版〕』（丸善プラネット，2012）
『初級講座 弦理論（基礎編/発展編）』（丸善プラネット，2013）

初級講座 ループ量子重力

2014年5月10日　初版発行
2021年2月10日　第2刷発行

訳　者　樺沢宇紀　　　　　Ⓒ 2014

発行所　丸善プラネット株式会社
　　　　〒101-0051 東京都千代田区神田神保町 2-17
　　　　電　話　03-3512-8516
　　　　http://planet.maruzen.co.jp/

発売所　丸善出版株式会社
　　　　〒101-0051 東京都千代田区神田神保町 2-17
　　　　電　話　03-3512-3256
　　　　https://www.maruzen-publishing.co.jp

印刷・製本/富士美術印刷株式会社

ISBN 978-4-86345-212-1 C3042